KB262934

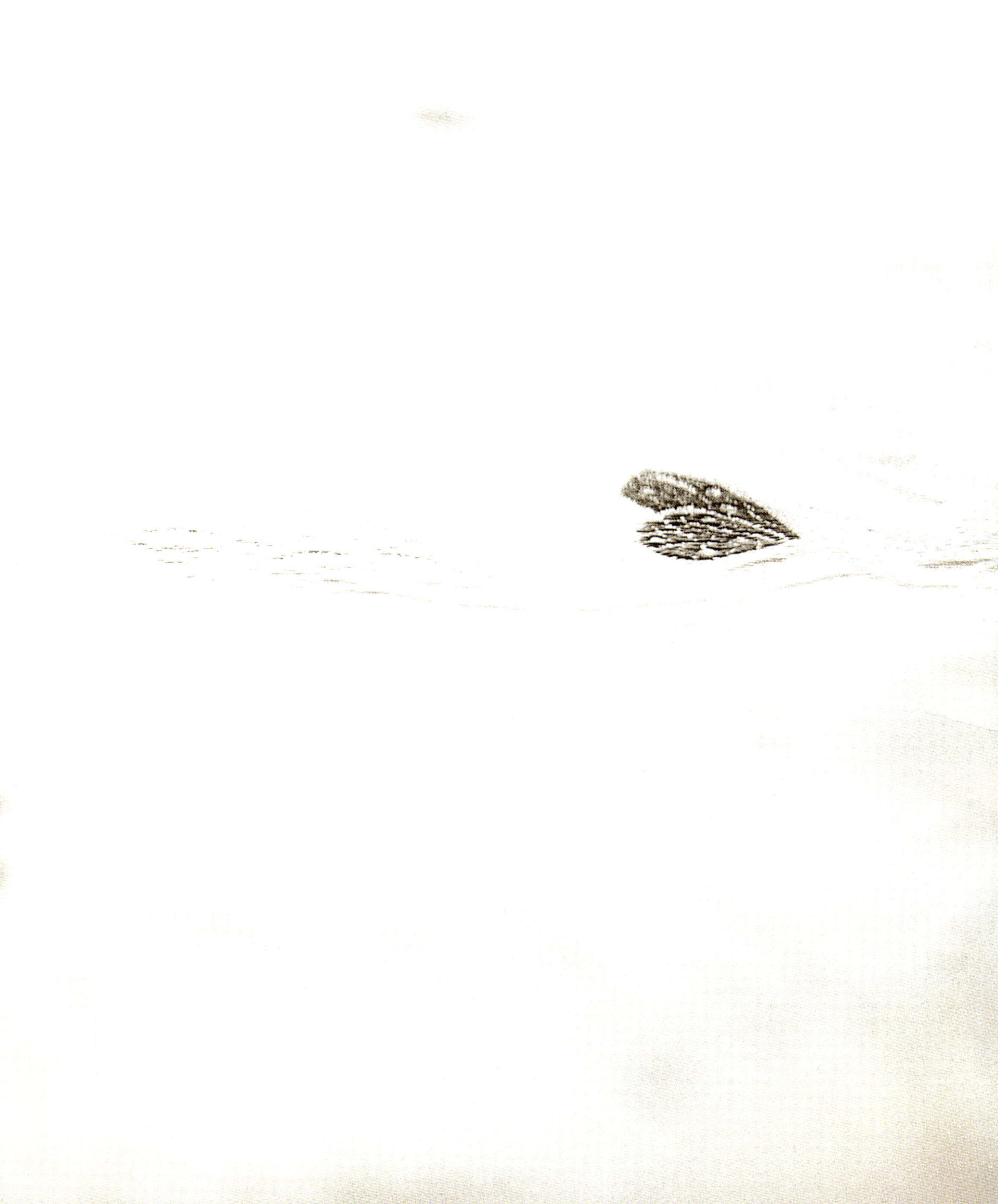

LE REVE DE SABRINA

'르 꼬르동 블루' 의 에센스 레시피

프랑스 과자의 기초 II

사브리나 시리즈 5

르 꼬르동 블루 도쿄 학교

SOMMAIRE

CONTENTS

〈프랑스 요리의 기초 Ⅱ〉로 이어진 사브리나 시리즈 제4권, 그리고 여기에 〈르 꼬르동 블루 프랑스 과자의 기초 Ⅱ〉를 새롭게 출간합니다.

오드리 헵번 주연의 영화 〈사브리나〉와 관련지어 이름 붙여진 이 사브리나 시리즈는, 프랑스 요리나 과자를 가정에서 좀더 즐겁게 만들 수 있기를 바라는 마음에서 편집되었으며 프랑스 요리 · 과자 · 빵의 기초를 익히기 위한 지침서로 호평받고 있습니다. 특히 프랑스 베르사유에서 개최된 「1999년 월드 쿡북 페어(World Cookbook fair)」에서 베스트 북 쿡 시리즈상을 받기도 했습니다.

전통적인 과자를 쉽게 설명한 과자 기초 노트의 속편인 이 책에서는 기초에 충실하면서도 한층 진보된 테크닉을 소개하고 있습니다. 프랑스 과자에서 빼놓을 수 없는 전통적인 과자를 비롯해 가정식 과자, 아이스크림과 셔벗 · 캐러멜 · 초콜릿 등의 콩피즈리(가공한 과자), 마카롱 · 피낭시에 등의 프티 푸르(한입 크기로 구운 과자) 그리고 타르트, 파이 등 다양한 메뉴를 총망라하고 있습니다.

특히 프랑스에서 웨딩 케이크로 대중화된 쿠로캉 부슈(슈 데커레이션 케이크 2)는 축하연의 '얼굴' 이라고도 할 수 있으며 많은 시간과 정성, 숙련된 기술을 필요로 하는데 이 기회에 중요 포인트를 꼭 익히세요.

또 프랑스 '마망'의 맛으로 만들어지고 있는 가정식 과자(파티스리 패밀리얼)는 부모로부터 그 자녀, 자녀로부터 손자·손녀로 각 가정마다 대대로 이어져 온 맛과 비법이 담겨 있으며 맛볼 기회가 가장 많은 대중적인 프랑스 과자입니다. 아이스크림이나 셔벗은 보통 사서 즐기는 경우가 많지만 가정에서 바로 만든 바닐라 아이스크림이나 신선한 과일 셔벗은 또 다른 각별한 맛을 느끼게 할 것입니다.

끝부분의 기초 테크닉에서는 프랑스 과자의 필수인 파이 반죽의 종류와 만드는 법, 머랭의 종류와 만드는 법, 초콜릿 템퍼링 하는 방법 등을 과정 사진과 함께 설명하고 있습니다. 본편, 속편을 함께 참조하며 충분히 활용하기 바랍니다.

창립 이래 전통을 충실히 지키고 또 그 시대에 맞는 조리 기술도 개발하면서 현재는 파리 본교, 런던 분교, 도쿄 분교, 서울 분교, 캐나다 분교(오타와), 오스트레일리아의 시드니 분교, 아들레이드 분교, 미국, 남미의 브라질, 아르헨티나 등에서 전세계의 학생들에게 정통 프랑스 요리·과자·빵 만드는 법을 가르치고 있습니다.

도쿄 다이칸 야마에 있는 도쿄 분교는 1991년 개교 이래 프랑스인 프로 요리사를 중심으로 파리 본교와 같은 교육 과정으로 수업을 진행하고 있습니다. 르 꼬르동 블루 교수법의 성공의 열쇠라고도 할 수 있는 프로 요리사의 강의와 철저한 실습 교육이 이루

어지고 있습니다.

또한 학교에서의 교육을 토대로 여러 활동도 전개해 나가고 있습니다. 1999년 6월에는 프랑스에서 점자 요리서 〈Cuisiner sans voir avec Le Cordon Bleu(장애를 넘어서 르 코르동 블루와 요리를)〉가 시각장애인을 위해 바렌친휴이협회와의 상호 협력에 의해 출판되었습니다. 이 책에는 고기, 생선, 샐러드 등 10개 테마로 나눠 50여 가지의 요리를 소개하고 있습니다. 오스트레일리아에서는 대학의 정식 교육 과정으로 채택되었고, 2000년 시드니 올림픽에서 개회식 요리 담당 양성 기관으로 지정되는 등 화제를 모으기도 했습니다. 또한 한국에는 2002년 르 꼬르동 블루 – 숙명 아카데미를 오픈했습니다.

전편 4권에 이어 이 책의 르 꼬르동 블루 과자를 장식한 식기, 테이블보 등은 '르 꼬르동 블루'의 자매 회사인 '피에르 듀 프렌치 컨트리'의 협력을 받았습니다.

피에르 듀 프렌치 컨트리는 프랑스 컨트리 스타일을 테마로 프랑스 각지에 전해져 내려오는 공예품을 전세계에 소개하고 있습니다. 뉴욕 본점, 비벌리힐스의 로데오 드라이브 등 전미의 주요 도시에 9개 지점이 있고, 일본에서는 도쿄 에비스에 부티크를 오픈했습니다. 프랑스 요리, 과자와 함께 "L' Art de Vivre a la Fran aise(라르 드 비브르 아 라 프랑세즈 : 프랑스의 생활 예술)"를 전할 수 있기 바랍니다.

사브리나 시리즈를 보시는 분들께 …

　음식은 한 나라의 기후·토양·역사 등 문화 전반을 포괄적으로 담고 있습니다. 한 나라의 음식을 배운다는 것, 그것은 한 나라의 문화 전반을 이해하는 것과 마찬가지입니다. 본문을 보면 많은 분들이 의아해할 것입니다. 쉽게 풀어쓰지 않고 발음하기 어려운 프랑스 말 표기를 왜 고집했을까 하고 말입니다. 프랑스 원문 그대로를 옮겨 적은 것은 프랑스 문화 전반에 대해 같이 공부하자는 의미도 담고 있습니다. 본격적으로 프랑스 요리를 만들다 보면, 본문에 있는 단어 정도는 아주 일반적인 조리 용어라는 것을 알게 될 것입니다. 프랑스 요리를 처음 접하는 분들은 먼저 책 뒤편에 정리되어 있는 프랑스 요리 기초편부터 차근차근 살펴보세요. 프랑스 요리의 기본이 되는 육수 만드는 방법부터 채소 손질하는 법, 기본적인 조리 용어들을 정리해 놓았습니다. 직접 만들다 보면 '어! 프랑스 요리도 별거 아니네' 하는 생각이 들 것입니다. 이 책을 통해 프랑스 요리의 기초를 배우고 음식을 통해 다른 문화를 폭넓게 접할 수 있는 계기가 되길 바랍니다.

기본 테크닉을 살린 메뉴의 예

8개의 테마로 나눠, 간단한 가정식 과자에서 테크닉을 필요로 하는 데커레이션 과자까지 다양한 프랑스 과자를 소개했다. 프랑스의 대표적인 파티용 데커레이션 케이크(피에스 드 리셉션)로는 결혼식에 반드시 등장하는 '쿠로캉부슈'를 들 수 있고 그것과는 대조적인 것이 브르타뉴의 쿠키나 파운드 케이크 등 가정식 과자(파티스리 패밀리얼)이다. 아이스크림이나 셔벗(글라스 에 소르베)은 이번 기회에 아이스크림 머신을 구입해 직접 만들어 보면 어떨까. 초콜릿이나 캐러멜은 크게 가공 과자(콩피즈리)로 분류되는데, 특히 초콜릿은 '쇼콜라티에' 라고 하는 독립된 초콜릿 전문점에서 취급하고 있다. 초콜릿은 다른 어느 식재료보다도 가장 까다로워 취급이 어렵다고 하지만 여기서는 가정에서도 초콜릿을 즐기며 만들 수 있도록 내용을 구성했다. 구운 과자(프티 푸르)에 대해서는 특별히 어려운 테크닉은 없다. 다만 맛의 차이가 생기는 이유는 '굽기(cuisson 퀴이송)' 작업 때문이다. 특히 과자를 굽는 데 가장 중요한 것은 시간이 아니라 반죽 상태를 보고 확인하는 것인데, 홀 과자(앙트르메)나 타르트 과자(타르트), 파이 과자(푀이타주)는 식재료의 배합과 조화에 따라 다양한 변형과 자신의 개성을 만들어 낼 수 있다. 중요한 것은 기본이 되는 반죽, 크림이나 무스 등 각각의 특징을 이해하고 제대로 살리는 것이다. 레시피에 나오는 덧가루, 틀, 오븐 팬 등에 바르는 버터, 밀가루, 슈거 파우더류는 전부 분량 외로 필요한 양이다. 작업대는 대리석이 이상적이고, 굽는 시간은 오븐에 따라 다소 차이가 있으므로 설정 기준을 참고해 눈으로 직접 확인하며 진행한다.

파티용 데커레이션

RELIGIEUSE
슈 데커레이션 케이크 1

CROQUEMBOUCHE
슈 데커레이션 케이크 2

슈 데커레이션 케이크 1
RELIGIEUSE

수녀를 본뜬 이 작은 과자는 베이커리의 윈도에서 흔히 볼 수 있는데, 이만한 크기의 '를리지외즈'는 그리 자주 눈에 띄지 않는다.

재료(12인분)

지름 18×높이 4cm의 망케 틀 1개
지름 5~6cm의 찍어 내는 틀
1개분

누가틴(96쪽 참조)
설탕 500g
물엿 200g
아몬드 다이스 250g
레몬즙 2~3방울

파트 아 슈
물 250cc
버터 100g
소금 3g
설탕 6g
박력분 150g
달걀 4개

캐러멜(94쪽 참조)
설탕 500g
물 200cc

크렘 파티시에르
우유 500cc
설탕 125g
달걀노른자 5개분
박력분 25g
콘스타치 25g
바닐라 빈 1/2개
초콜릿 적당량
커피 에센스 적당량

크렘 오 뵈르
달걀노른자 3개분
설탕 80g
물 25cc
버터 180g
초콜릿 퐁당 적당량
커피 퐁당 적당량

commentaires:
퐁당(39쪽 참조)은 흰 퐁당에
녹인 초콜릿, 커피 에센스를 각각
섞는다.

1 파트 아 슈를 만든다(99쪽 참조). 지름 1cm의 원형 깍지를 낀 짜주머니에 넣고 오븐 팬에 지름 14cm · 12cm · 6cm · 4cm의 링 모양으로 각각 하나씩 짜낸다.

2 다음으로 지름 2cm와 4cm의 공 모양 반죽을 각각 2개씩, 길이 10cm의 막대 모양 반죽을 12개 짠다.

3 ①과 ②에 모두 달걀물(분량 외)을 바르고, 반죽 표면을 물을 묻힌 포크로 가볍게 긁는다. 180℃ 오븐에 20~25분간 굽는다.

4 ③의 슈가 식으면 깍지로 밑바닥에 구멍을 낸다. 막대 모양의 반죽에는 2군데, 링 모양의 반죽에는 6군데 구멍을 만든다.

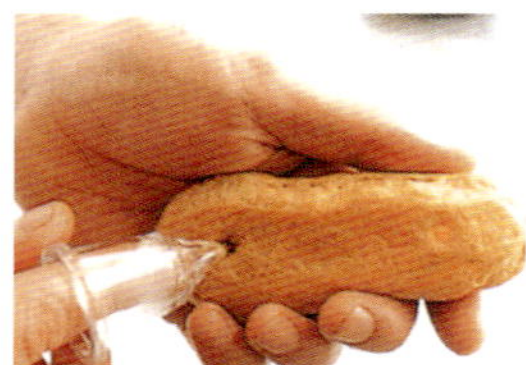

5 크렘 파티시에르를 만들어 (105쪽 참조) 2등분 한다. 각각의 반죽에 초콜릿, 커피 에센스를 섞어 두 종류를 만들고, 지름 0.3cm의 깍지를 끼운 짜주머니에 넣고 ④에 채운다.

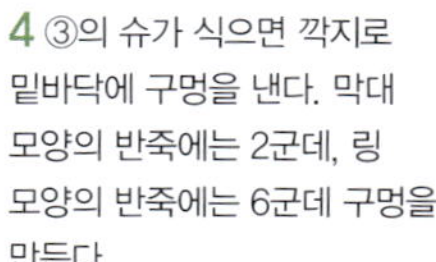

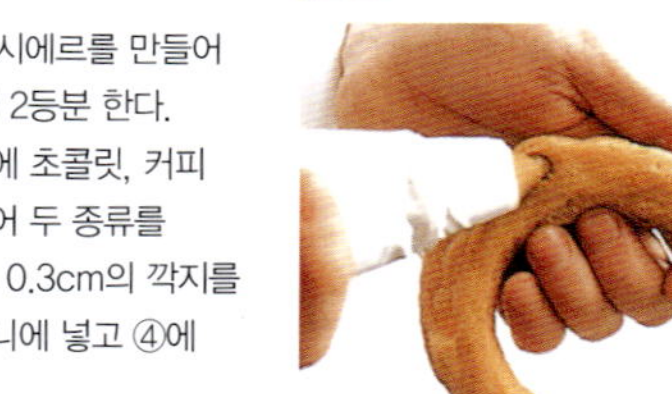

6 ⑤의 슈 표면에 초콜릿과 커피 퐁당을 각각 바르고 손가락으로 주위를 깨끗하게 닦아 낸다.

7 막대 모양의 첫 번째 슈에 캐러멜을 발라 토대가 되는 망케 틀 누가틴(96쪽 ⑩ 참조)의 가장자리에 세워 고정시킨다. 나머지 막대 모양의 슈도 옆에 세워 붙이고 측면에 캐러멜을 발라 고정시킨다.

8 ⑦의 슈 옆부분에 캐러멜을 바르고 지름 14cm 링 모양의 슈를 얹는다.

9 ⑦ 측면에 초승달 모양의 누가틴(96쪽 참조)을 캐러멜로 붙인다.

10 크렘 오 뵈르를 만들어 (59쪽 참조) 커피 에센스를 약간 넣는다. 별모양 깍지를 끼운 짜주머니에 넣고 빙 둘러 세운 슈 사이사이와 윗부분에 짜낸다.

11 ⑧ 위에 ⑩의 크림을 짜내고 지름 12cm 링 모양의 슈를 올려놓는다. 6cm 링 모양의 슈에 2cm의 둥근 슈를 얹을 때까지 이 작업을 반복한다 (모두 6단이 된다).

12 별모양 깍지를 끼운 짜주머니에 ⑩의 크림을 넣고 밀착시킨 누가틴과 링 슈 사이사이에 짜내 장식한다.

슈 데커레이션 케이크 2
CROQUEMBOUCHE

결혼식 등 축하 석상에 등장하는 과자. 크로크(croque 아삭아삭한)와 앙부셰(emboucher 입으로)가 합쳐져 만들어진 이름이다.

재료(25~26인분)

지름 18×높이 4cm의 망케 틀
1개분

파트 아 슈
물 500cc
버터 200g
소금 6g
설탕 10g
박력분 300g
달걀 8개

크렘 파티시에르 (105쪽 참조)
우유 500cc
설탕 125g
달걀노른자 5개분
박력분 25g
콘스타치 25g
바닐라 빈 1/2개

누가틴
설탕 1kg
물엿 400g
아몬드 다이스 500g
레몬즙 2~3방울

글라스 루아얄
슈거 파우더 200g
달걀흰자 30g
레몬즙 1/4개분

캐러멜
설탕 1kg
물 400cc
설탕(제과 장식용) 적당량
드라제 적당량
장미꽃(설탕으로 만든 것)

commentaires:

· **글라스 루아얄 만드는 법**
슈거 파우더를 체로 쳐 볼에 넣고,
달걀흰자와 레몬즙을 넣은 다음
거품기로 저어 준다.

1 파트 아 슈를 만들어(99쪽 참조) 지름 1cm의 깍지를 끼운 짜주머니에 넣는다. 오븐 팬에 지름 3cm의 공 모양으로 약 80개를 짜내고 달걀물 (분량 외)을 발라 180℃ 오븐에 굽는다.

2 ①의 열이 식으면 밑바닥 중앙에 깍지로 구멍을 내고 크렘 파티시에르를 채운다.

3 누가틴을 만들고(96쪽 ⑩ 참조), 망케 틀로 만든 누가틴 (96쪽 참조) 측면에 글라스 루아얄로 무늬를 넣은 다음 건조시킨다. 삼각형 누가틴 (96쪽 ⑮ 참조)도 마찬가지로 무늬를 넣어 건조시킨다.

4 캐러멜을 만들고(94쪽 참조) ②의 슈 표면에 묻혀, 캐러멜 묻힌 면을 밑으로 해 유산지 또는 실리콘 가공 시트 위에 놓는다.

5 변화를 주기 위해 ④의 슈 1/4 분량 정도는 캐러멜을 묻힌 다음 바로 바트에 넣은 설탕 위에 놓는다.

6 ③의 망케 틀 누가틴에 6cm 높이의 누가틴(96쪽 ⑫ 참조)을 얹고 안쪽에 캐러멜을 조금씩 넣어 단단히 고정시킨다. 같은 요령으로 그 위에 지름 18cm의 누가틴(96쪽 ⑬ 참조)을 붙인다.

7 첫 번째 슈에 캐러멜을 묻혀 ⑥의 가장자리에 붙인다. 두 번째 슈에 캐러멜을 묻혀 첫 번째 슈의 측면과 바닥에 붙여 옆에 고정시킨다.

8 첫째 단의 마지막 슈는 캐러멜을 묻혀 양쪽 슈와 바닥에 붙여 단단히 고정한다.

9 둘째 단의 슈를 쌓을 때는 첫째 단의 슈와 슈 사이에 놓고 붙인다. 군데군데 설탕이 묻은 슈를 넣어 6단까지 쌓는다.

10 ⑨ 위에 지름 16cm의 누가틴(96쪽 ⑬ 참조)을 얹어 캐러멜로 고정시킨다. 그 위에 지름 6~7cm의 누가틴(96쪽 ⑭ 참조) 1장씩에 캐러멜을 묻혀 방사형으로 세워 붙인다.

11 토대 부분의 주위에 ③의 삼각형 누가틴을 캐러멜로 붙인다. 슈 사이사이에 드라제를 붙이고 코르네(98쪽 참조)에 넣은 글라스 루아얄로 장식한다.

12 ⑦~⑨와 같은 요령으로 지름 15cm의 누가틴(96쪽 ⑬ 참조) 위에도 슈를 6단 쌓는다. 마지막 층에 지름 7~8cm의 누가틴(96쪽 ⑭ 참조)를 얹어 붙인다. 드라제를 장식하고 ⑩에 얹어 장미꽃을 장식한다.

GALETTE BRETONNE
브르타뉴식의 쿠키

GATEAU AU CHOCOLAT CLASSIQUE
클래식 초콜릿 케이크

브르타뉴식의 쿠키
GALETTE BRETONNE

브르타뉴 지방에 오래 전부터 내려오는 전통적인 과자로 버터를 듬뿍 넣어 만든 쿠키.

재료(8인분)

지름 20×높이 2cm의 세르클 틀
1개
지름 6×높이 2cm의 세르클 틀
3개분

박력분 300g
베이킹파우더 4g
버터 300g
슈거 파우더 180g
달걀노른자 3개분
소금 약간
바닐라 슈거 약간
럼주 40cc

건포도 180g
럼주 적당량

달걀물 적당량

1 부드러운 포마드 상태의 버터에 체로 친 슈거 파우더를 몇 번에 나눠 넣고 매끄러워질 때까지 거품기로 젓는다.

2 소금, 바닐라 슈거, 달걀노른자를 넣고 골고루 섞는다.

3 럼주를 넣는다.

4 섞어서 체에 내린 박력분과 베이킹파우더를 ③에 넣고 멍울이 생기지 않도록 잘 섞는다.

5 럼주에 절인 건포도를 마지막으로 넣고 가볍게 섞는다.

6 오븐 팬에 유산지를 깔고, 그 위에 지름 20cm, 6cm의 세르클 틀에 버터(분량 외)를 발라 놓은 다음 ⑤의 반죽을 세르클 틀 높이까지 가득 채운다.

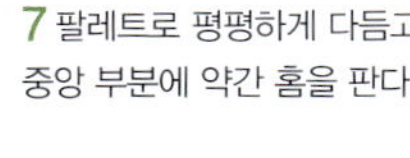

7 팔레트로 평평하게 다듬고 중앙 부분에 약간 홈을 판다.

8 표면에 붓으로 달걀물을 바른다.

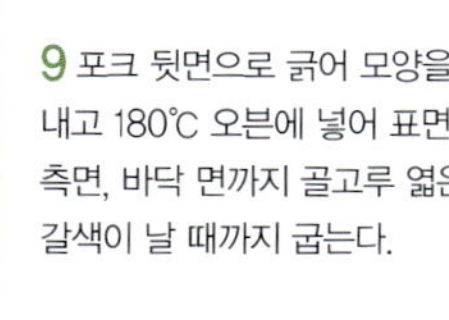

9 포크 뒷면으로 긁어 모양을 내고 180℃ 오븐에 넣어 표면, 측면, 바닥 면까지 골고루 엷은 갈색이 날 때까지 굽는다.

10 지름 6cm 세르클 틀의 반죽도 같은 방식으로 모양을 내어 굽는다.

클래식 초콜릿 케이크
GATEAU AU CHOCOLAT CLASSIQUE

고전적인 스타일의 초콜릿 케이크. 심플한 디자인에 초콜릿의 풍미를 마음껏 맛볼 수 있는 과자이다.

재료(8인분)
지름 18×높이 4cm의 망케 틀
1개분

초콜릿 125g
버터 125g
달걀노른자 3개분
달걀흰자 3개분
설탕 125g
박력분 50g

데커레이션
슈거 파우더 적당량

1 볼에 잘게 부순 초콜릿과 버터를 넣어 중탕 상태로 녹이고, 풀어 놓은 달걀노른자를 넣는다.

2 다른 볼에 달걀흰자를 넣고 가볍게 푼 다음 거품 내기 시작한다. 거품 끝이 약간 뾰족해지면 설탕을 조금 넣고 나머지는 세 번에 나눠 넣어 끝이 뾰족해질 때까지 거품 낸다.

3 ①에 ②의 소량을 넣고 잘 섞는다.

4 ③을 남은 달걀흰자에 넣고 골고루 섞는다.

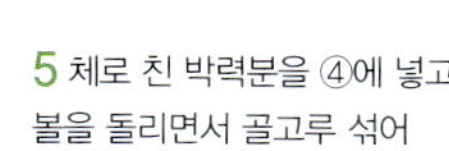

5 체로 친 박력분을 ④에 넣고 볼을 돌리면서 골고루 섞어 준다.

6 버터(분량 외)를 바르고 강력분(분량 외)을 묻힌 망케 틀에 ⑤의 반죽을 흘려 붓는다.

7 틀을 작업대에 두세 번 가볍게 내려쳐 공기를 뺀 다음 틀을 돌리며 중앙에 약간 홈을 판다. 이렇게 해두면 반죽이 고르게 부푼다.

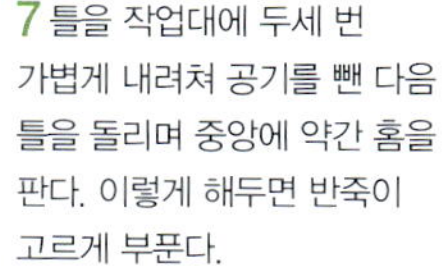

8 180℃ 오븐에 30분 정도 굽는다. 대나무 꼬챙이를 넣어 반죽이 묻어나지 않으면 완성. 다 구워지면 틀에서 꺼내 식힌다. 마무리로 슈거 파우더를 뿌린다.

FAR AUX PRUNEAUX
말린 자두를 넣은 파르

GATEAU AUX NOIX
호두를 넣은 케이크

말린 자두를 넣은 파르
FAR AUX PRUNEAUX

프랑스 가정식 과자의 대표적인 것 중 하나. 버터가 없던 시절에 만들어졌다고 한다.

재료(8인분)

20cm 정사각형 그라탱 접시
2개분

박력분 180g
우유 750cc
달걀 3개
설탕 180g
소금 8g
샐러드 오일 ½큰술
말린 자두(프뤼노) 225g

1 큼직한 볼에 박력분을 체에 쳐 넣고 중앙에 홈을 만든다.

2 홈을 넓혀 달걀, 설탕, 소금을 넣어 잘 섞고 주위의 박력분을 조금씩 섞어 준다.

3 샐러드 오일을 넣는다.

4 달걀과 밀가루가 섞이고 반죽이 약간 단단해지면 실온의 우유 절반 분량을 조금씩 넣고 저으면서 부드럽게 만든다.

5 ④가 매끄러워지면 남은 우유를 데워 붓는다.

6 표면에 뜬 거품을 떠낸다.

7 말린 자두는 손으로 가볍게 벌리고 칼집을 넣어 속의 씨를 제거한 다음 다시 오므려 모양을 잡아 준다.

8 틀 바닥과, 높이의 반 정도까지 버터(분량 외)를 발라 둔다. 전부 바르면 타버린다.

9 ⑧의 틀 높이의 ¼ 정도까지 ⑥을 국자로 가만히 떠 넣는다.

10 ⑦의 말린 자두를 가지런히 놓는다.

11 180℃ 오븐에 굽는다. 표면의 액체가 움직이지 않으면 완성.

호두를 넣은 케이크
GATEAU AUX NOIX

바삭바삭한 반죽 위에, 호두를 넣은 캐러멜 크림을 듬뿍 채운 고전적인 느낌의 과자이다.

재료(8인분)

지름 18×높이 4cm의 망케 틀
1개분

파트

박력분 300g
버터 150g
슈거 파우더 150g
달걀노른자 4개분
바닐라 슈거 약간

크렘

설탕 400g
생크림 200cc
버터 200g
호두(크게 자른 것) 400g

데커레이션

파트 아 글라세
(마무리용 코팅 초콜릿) 200g
마스팽 적당량
호두 7개
슈거 파우더 적당량

finition:

마스팽을 0.2cm 두께로 펴서 틀 높이와 같은 폭으로 잘라 그 폭의 반을 3cm 크기의 국화 모양 틀로 찍어 낸다. 이를 표면과 측면에 붙이고 슈거 파우더를 살짝 뿌린 호두를 장식한다.

commentaires:

· 물을 넣지 않고 캐러멜을 만들 경우(cuire à sec 퀴이르 아 세크)는 설탕을 여러 차례에 나눠 녹이면서 넣으면 결정화를 막아 실패 없이 만들 수 있다.
· 파트 아 글라세는 템퍼링하지 않고 녹여 그대로 사용할 수 있는 코팅용 초콜릿을 말한다.

1 파트(반죽)를 만든다. 우선 포마드 상태의 버터에 바닐라 슈거와 달걀노른자를 넣고 손으로 섞는다. 다시 슈거 파우더를 넣고 매끄러운 상태가 될 때까지 섞는다.

2 체에 친 박력분을 넣고 가볍게 섞어 강력분(분량 외)을 뿌린 작업대에 꺼내 놓는다.

3 아래에서 위쪽으로 손바닥으로 반죽을 으깨듯 밀어 준다. 두 번 정도 반복하고 멍울 없이 균일한 상태가 되면 하나로 뭉쳐 랩으로 싼 다음 냉장고에 넣어 30분 정도 휴지시킨다.

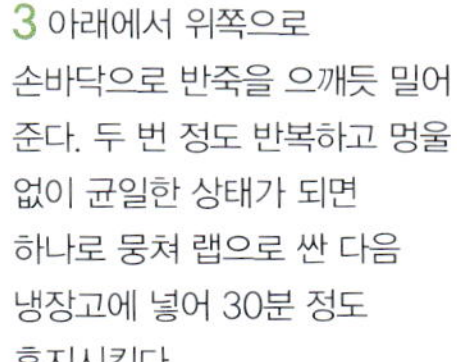

4 크렘을 만든다. 깊이 있고 큼직한 냄비를 가열해 냄비가 뜨거워지면 설탕을 여러 번에 나눠 넣고 캐러멜을 만든다.

5 표면에 거품이 생기고 연기가 나면 미리 데워 둔 생크림을 가만히 부어 캐러멜을 녹인다.

6 불을 끄고 부드럽게 만든 버터를 여러 번에 나눠 넣고 마지막으로 잘게 자른 호두를 넣는다. 바트로 옮겨 넓게 펴서 냉장고에 넣는다.

7 ③의 반죽을 1/3과 2/3로 나눈다. 우선 2/3 분량의 반죽을 0.2~0.3cm 두께로 밀어 지름 18cm의 망케 틀을 놓고 여분의 반죽을 잘라 낸다.

8 미리 버터(분량 외)를 얇게 바른 망케 틀에 ⑦의 시트를 씌운 다음 틀에 밀착시켜 넣는다. 측면을 손가락으로 단단히 눌러 붙인다. 위에서 밀대를 굴려 여분의 반죽을 잘라 낸다.

9 ⑧의 틀 높이보다 약간 낮게 ⑥의 크림을 채워 스푼으로 평평하게 만든다. 시트 가장자리에 달걀물(분량 외)을 발라 둔다.

10 1/3 분량의 반죽은 0.3~0.4cm 두께로 펴고 피케 (포크 등으로 찔러 구멍을 내는 것) 해서 ⑨ 위에 얹어 붙인다. 밀대를 굴려 여분의 시트를 잘라 내고, 180℃ 오븐에 엷은 갈색이 날 때까지 굽는다.

11 다 구워지면 틀에 넣은 채 24시간 그대로 놓아 둔다.

12 다음날 뒤집어 틀에서 꺼낸 뒤 식힘망 위에 얹고 파트 아 글라세를 끼얹는다.

레몬향의 파운드 케이크
QUATRE-QUARTS AU CITRON

주가 되는 네 가지 재료를 모두 같은 비율로 넣으므로 기억하기 쉬운 레시피. 레몬 껍질 간 것이 그윽한 풍미를 내고 있다.

재료(8인분)

지름 18×높이 7cm의 파운드 틀
1개분

버터 100g
슈거 파우더 100g
박력분 100g
달걀 2개
우유 20cc
베이킹파우더 5g
소금 약간
바닐라 슈거 약간
레몬 껍질 간 것 1/4개분

나파주 적당량

글라스 아 로
슈거 파우더 200g
럼주 20cc
물 30cc

commentaires:

· **나파주**
살구 등의 잼을 고운 체로 거른 것으로 타르트나 과자 마무리에, 표면의 윤기를 내는 데 쓴다.
· **글라스 아 로**(glace à l'eau)
슈거 파우더, 럼주, 물을 섞은 것을 말한다.

1 부드러운 포마드 상태의 버터에 슈거 파우더, 소금, 바닐라 슈거, 레몬 껍질을 넣고 거품기로 매끄러운 상태가 될 때까지 완전히 섞는다.

2 풀어 놓은 달걀을 네 번에 나눠 넣는다. 넣을 때마다 멍울이 생기지 않도록 완전히 섞어 준다.

3 체에 내려 섞은 박력분과 베이킹파우더를 두 번에 나눠, 나무 주걱으로 자르듯 섞어 반죽한다.

4 마지막에 우유를 붓고 ③과 같은 방법으로 반죽한다.

5 틀에 버터(분량 외)를 바르고 강력분(분량 외)을 묻혀 ④의 반죽을 카드로 조금씩 넣는다.

6 ⑤의 틀을 작업대에 여러 번 가볍게 쳐 공기를 빼고 180℃ 오븐에 넣는다.

7 도중에 반죽이 부풀어오르면 칼끝을 물에 담갔다 중심에 칼집을 넣는다.

8 표면에 선명하게 엷은 갈색이 나고, 반죽에 대나무 꼬챙이를 넣었다 뺐을 때 아무것도 묻어 있지 않으면 완성.

9 다 구워진 반죽을 틀에서 꺼내 식힘망 위에 얹어 식힌다. 완전히 식으면 표면에 나파주를 바른다.

10 식힘망을 바트에 놓고 ⑨를 얹어 글라스 아 로를 칠한다.

11 210~220℃ 오븐에 1분 정도 구워 건조시킨다.

아이스크림과 셔벗

VACHERIN
바슈랭

ANANAS GIVRE
파인애플 지브레

바슈랭
VACHERIN

순백의 머랭과 생크림으로 뒤덮인 아이스크림 과자. 모양이 '바슈랭' 이라는 치즈를 닮아 이 이름이 붙여졌다고 한다.

재료(8인분)
지름 18×높이 6cm의 세르클 틀
1개분

머랭
달걀흰자 100g
설탕 100g
슈거 파우더 100g

소르베용 시럽
물 250cc
설탕 300g

소르베 프랑부아즈
(라즈베리 셔벗)
프랑부아즈 퓌레 500g
소르베용 시럽 250cc

글라스 바니유
(바닐라 아이스크림,30쪽 참조)
우유 500cc
생크림 100cc
설탕 125g
바닐라 빈 1/2개
달걀노른자 6개분

크렘 샹티이
생크림 400cc
슈거 파우더 40g

화이트 초콜릿 약간

프랑부아즈 적당량

commentaires:
· **소르베용 시럽 만드는 법**
냄비에 물과 설탕을 넣고 가열해
설탕이 녹고 끓어오르면 볼에
옮겨 식힌다. 시간이 없을 경우는
얼음물에 볼을 넣어 식혀도 좋다.
· **크렘 샹티이 만드는 법**
볼에 생크림, 슈거 파우더를 넣고
볼을 얼음에 담가 거품 낸다.

1 머랭을 만든다. 우선 머랭
프랑세즈를 만들고(95쪽 참조)
마지막에 체에 친 슈거
파우더를 넣어 잘 섞는다.

2 지름 1cm의 깍지를 끼운
짜주머니에 ①을 채워, 유산지를
깐 오븐 팬에 7cm 길이의 막대
모양으로 12개 짜낸다. 바로
슈거 파우더(분량 외)를 뿌려
둔다.

3 지름 5cm의 깍지를 끼운
짜주머니에 남은 ①을 채운다.
나선형으로 지름 18cm의 원을
2장 짜내 슈거 파우더 (분량 외)
를 뿌리고, ②에도 슈거 파우더
(분량 외)를 뿌려 80~100℃
오븐에 3시간 굽는다.

4 소르베 프랑부아즈를 만든다.
소르베용 시럽과 프랑부아즈
퓌레를 섞어 아이스크림 머신에
넣고 믹싱한 다음 볼에 옮겨
냉동실에 넣는다.

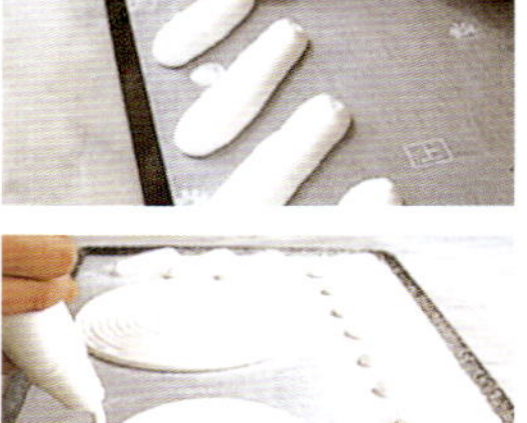

5 다 구워진 ③의 머랭
가장자리를 나이프로 약간 잘라
깨끗이 정리하고 구워진 면에
소량의 화이트 초콜릿을 바른다
(2장 모두).

6 오븐 팬에 유산지를 깔고
세르클 틀을 놓은 다음 ⑤의
머랭을 넣는다. 깍지를 끼우지
않은 짜주머니에 ④를 채워
중앙 부분에서부터 나선형으로
짜낸다.

7 스푼으로 표면을 평평하게
다듬고 다른 1장의 머랭을
얹는다.

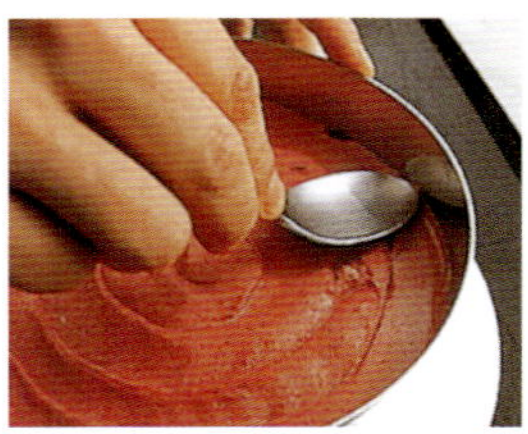

8 깍지를 끼우지 않은
짜주머니에 글라스 바니유를
채워 ⑦ 위에 나선형으로
짜낸다. 표면을 팔레트로
평평하게 한 뒤 냉동실에
넣는다.

9 ⑧의 세르클 틀 주위를
버너로 가열해 틀을 들어낸다.

10 막대 모양의 머랭 한쪽을
평평하게 되도록 약간 잘라
낸다. 별모양 깍지를 끼운
짜주머니에 크렘 샹티이를 넣어
머랭에 짜내고 ⑨의 측면에
간격을 두고 세워 붙인다.

11 머랭과 머랭 사이에 ⑩의
크렘 샹티이를 짜낸다.

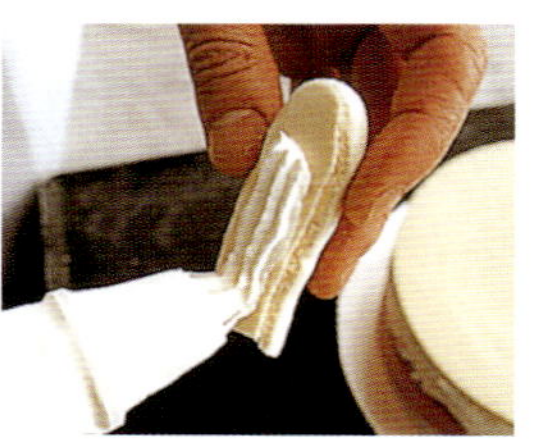

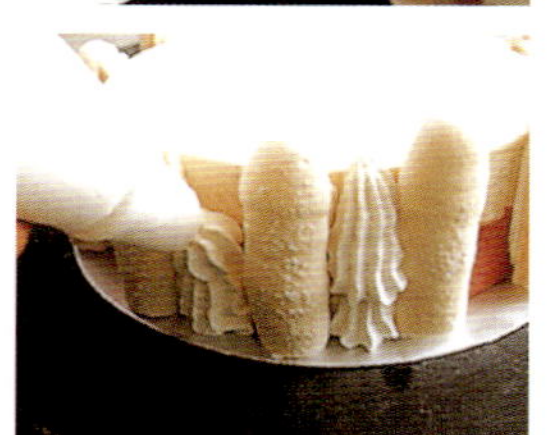

12 윗면의 가장자리에서 중앙
부분으로 1.5cm 크기로 빽빽이
짜내 표면을 뒤덮는다.
마지막으로 프랑부아즈를
장식해 완성한다.

파인애플 지브레
ANANAS GIVRE

과일을 통째로 사용해 그 과육으로 셔벗을 만들어 껍질 속에 채운 차가운 디저트를 '지브레'라고 한다. 레몬이나 오렌지로도 만들 수 있으며 이런 경우 시트롱 지브레, 오랑주 지브레라 한다.

재료(8인분)

소르베용 시럽
물 700cc
설탕 400g
전화당 150g

소르베 아나나스(파인애플 셔벗)
파인애플 1개(약 1.7kg짜리) 또는
파인애플 퓌레 900g
소르베용 시럽 400cc

소르베 프레즈(딸기 셔벗)
딸기 퓌레 500g
소르베용 시럽 450cc

commentaires:
소르베용 시럽에 사용하는 전화당은 설탕의 결정화를 방지하기 위한 것인데, 구하기 어려운 경우는 설탕 570g과 물 700cc로 시럽을 만든다.
셔벗을 만든 다음 24시간 이내에 먹는다면 전화당을 사용하지 않아도 된다. 24시간이 지나면 입 안에 닿는 감촉이 약간 거칠어진다.

1 소르베 아나나스를 만든다. 파인애플은 통째로 물에 씻어 수분을 제거하고 잎사귀를 붙인 채 세로로 2등분 한다.

2 껍질에서 1cm 정도 안쪽으로 칼집을 넣는다.

3 과육에 격자로 칼집을 넣고 스푼으로 파낸다.

4 껍질은 망 위에 얹어 냉동실에 넣어 둔다.

5 ③의 과육을 믹서에 갈아 퓌레 상태로 만든 뒤 가는 체로 거른다.

6 소르베용 시럽을 만들어 (26쪽 참조) 식힌다. 계량한 시럽과 ⑤의 퓌레를 섞어 아이스크림 머신에 넣고 믹싱한다. 완성된 셔벗은 볼에 옮겨 냉동실에 넣어 둔다.

7 소르베 프레즈를 만든다. 계량한 소르베용 시럽과 딸기 퓌레를 섞어 아이스크림 머신에 넣고 믹싱한다. ⑥과 마찬가지로 냉동실에 넣는다.

8 냉동실에 차게 해둔 ④의 파인애플 껍질을 면보 위에 놓아 고정시키고 우선 ⑥의 소르베 아나나스로 속을 채운다.

9 표면을 팔레트로 평평하게 정리한다.

10 남은 소르베 아나나스를 지름 1cm의 깍지를 끼운 짜주머니에 넣고 ⑨의 가장자리에 재빨리 짜낸다. 일단 냉동실에 넣는다.

11 별모양 깍지를 끼운 짜주머니에 ⑦의 소르베 프레즈를 넣어 ⑩의 중앙 부분을 채우듯이 짜낸다.

12 ⑪위에 다시 한 번 짜낸 다음 냉동실에 넣어 고정시킨다.

MARQUISE GLACEE
마르키즈 글라세

OMELETTE NORVEGIENNE
오믈레트 노르베지엔

마르키즈 글라세
MARQUISE GLACEE

이름 그대로 후작 부인을 본뜬 아이스크림. 스커트의 볼륨은 생크림을 듬뿍 써서 만든다.

재료(8인분)
지름 17×높이 13cm의 마르키즈
틀 1개분

**글라스 바니유(바닐라
아이스크림) · 글라스
쇼콜라(초콜릿 아이스크림)**
우유 1.2ℓ
생크림 500cc
바닐라 빈 5개
설탕 500g
달걀노른자 16개분

카카오 마스 100g

데커레이션
생크림 600cc
슈거 파우더 60g
제비꽃 설탕 절임 적당량
마르키즈 흉상

commentaires:
카카오 마스는 카카오 함유율이
거의 100%로 설탕을 넣지 않은
초콜릿을 말한다.

1 글라스 바니유를 만든다.
우유, 생크림, 1/3 분량의 설탕,
바닐라 빈을 냄비에 넣고 팔팔
끓인 다음 나머지 설탕과
달걀노른자를 섞은 볼에 넣어
섞는다.

2 ①을 냄비에 부어 불에
올리고 나프(50쪽 참조) 상태가
되면 체에 걸러 얼음물에 열을
식힌다. 반으로 나눠 한쪽은
그대로 아이스크림 머신에 넣고
믹싱한 다음 볼에 옮겨
냉동실에 넣는다.

3 글라스 쇼콜라(초콜릿
아이스크림)를 만든다. 카카오
마스를 중탕해 녹이고 ②의
나머지 반을 넣는다. 섞어
매끄러워지면 아이스크림
머신에 넣어 믹싱한다.

4 냉동실에 넣어 차게 해둔
마르키즈 틀에 ③의 글라스
쇼콜라를 채워 스푼으로
정리하며 중앙에 큼직한 공간을
만든다. 냉동실에 넣어
응고시킨다.

5 ④의 공간에 글라스 바니유를
채워 다시 냉동실에 넣는다.

6 아이스크림이 완전히 굳으면
디야파종(고기용 포크)을 찔러
넣고 틀 전체에 미지근한 물을
묻혀 아이스크림을 빼낸다.

7 오븐 팬에 종이를 깔고 그
위에 ⑥의 아이스크림을 놓는다.
측면 1/4정도의 면적을 나이프로
표시해 둔다.

8 볼에 생크림과 슈거 파우더를
넣어 얼음물에 볼째 넣고 거품
내어 크렘 샹티이를 만든다.
별모양의 깍지를 끼운
짜주머니에 채워 ⑦에서 표시한
면적을 남기고 짜낸다.

9 밑에서부터 6단이 되도록
짜내 장식한다.

10 남겨 둔 1/4 부분은
양끝에서 중심 쪽으로 짜내
장식한다.

11 중심에 제비꽃 설탕 절임을
세로로 눌러 붙인다.

12 마르키즈 흉상을 위에
올려놓는다.

오믈레트 노르베지엔
OMELETTE NORVEGIENNE

따뜻한 이탈리안 머랭과 차가운 바닐라 아이스크림을 함께 맛볼 수 있는 고전적인 프랑스 디저트.

재료(8인분)
가로 8×세로 30×높이 7cm의
홈통 틀 1개분

제누아즈
설탕 90g
박력분 90g
달걀 3개
버터 20g

**글라스 바니유(바닐라
아이스크림)**
우유 500cc
달걀노른자 5개분
설탕 125g
바닐라 빈 2개

시럽
물 100cc
설탕 100g
키르슈 적당량

이탈리안 머랭
달걀흰자 6개분
설탕 320g
물 100cc

드레인드 체리 적당량

1 제누아즈 반죽을 만들어(50쪽 참조) 유산지를 깐 오븐 팬에 놓고 30×30cm 크기로 넓혀 200℃ 오븐에 굽는다. 반죽의 위아래가 깨끗하게 구워지고 탄력이 생기면 완성.

2 다 구워진 시트는 식힘망 위에 놓아 열을 식힌다. 15cm와 6cm 폭으로 자르고 남은 부분은 지름 5cm의 원형 틀로 2장 찍어 낸다.

3 15cm 폭의 시트를, 유산지 위에 구운 면을 밑으로 오게 놓는다. 표면에 시럽을 발라 유산지째 틀에 넣는다.

4 6cm 폭의 시트와 둥글게 찍어 낸 시트 양면에 시럽을 바른다. 둥근 시트를 홈통 틀 양끝에 끼워 넣는다.

5 글라스 바니유를 만들어 (30쪽 참조) 깍지를 끼우지 않은 짜주머니에 넣고 ④의 틀 높이보다 1cm 정도 낮게 채운다.

6 ⑤의 표면을 스푼으로 평평하게 다듬어 6cm 폭 시트의 구운 면을 위로 오게 얹는다. 냉동실에 넣어 아이스크림을 완전히 굳힌다.

7 이탈리안 머랭을 만들어 (95쪽 참조) 직사각형의 깍지를 끼운 짜주머니에 넣는다. 틀에서 꺼낸 ⑥을 유산지를 깐 오븐 팬에 놓고 표면이 덮이도록 이탈리안 머랭을 수평으로 짜낸다.

8 양끝의 비어져 나온 머랭을 팔레트로 발라 다듬어 준다.

9 ⑦에서 남은 머랭을 별모양 깍지를 끼운 짜주머니에 넣고 ⑧의 양옆에 둥글게 짜내 장식한다.

10 측면에도 짜내 장식한다.

11 윗부분의 몇 군데에도 ⑩과 같은 방법으로 작업한다.

12 ⑪을 200℃ 오븐에 몇 분간 넣어 구운 뒤 드레인드 체리를 장식해 마무리한다. 버너로 엷은 갈색이 나게 구워도 좋다.

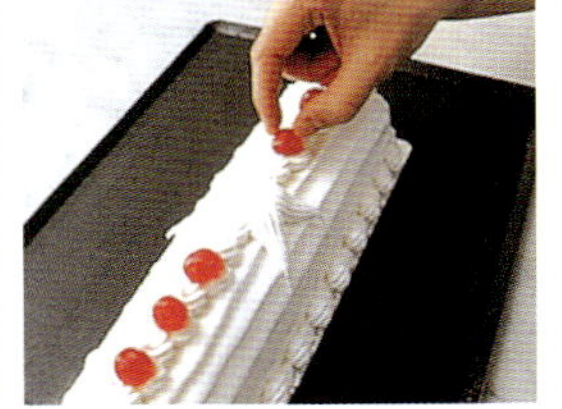

PATE A CARAMEL, AMANDES CHOCOLAT
캐러멜, 아몬드 초콜릿

PALET OR , FRAMBOISE
커피와 프랑부아즈 풍미의 초콜릿

캐러멜, 아몬드 초콜릿
PATE A CARAMEL, AMANDES CHOCOLAT

정다운 맛의 캐러멜. 아망드 쇼콜라는 식후 커피와 함께 가볍게 즐길 수 있는 디저트이다.

재료 (8인분)

18×18cm의 카드르 틀 1개분

●뵈르 카라멜

생크림 250cc
설탕 250g
물엿 75g
바닐라 빈 1/2개

●아망드 쇼콜라

아몬드 250g
설탕 100g
물 40cc
버터 10g
쿠베르튀르 초콜릿
 (세미스위트) 250g
코코아 파우더 적당량

commentaires:
버터 캐러멜을 만들 때의 냄비는
동으로 만든 제품과 같이
열전도율이 우수하고 바닥이
두꺼운 것을 사용한다.

● 뵈르 캐러멜

1 냄비에 생크림, 바닐라 빈을
넣고 불에 올린다. 끓어오르면
설탕을 넣는다.

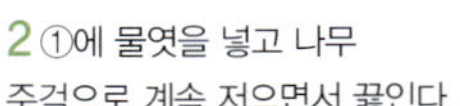

2 ①에 물엿을 넣고 나무
주걱으로 계속 저으면서 끓인다.

3 110℃가 되면 바닐라 빈
껍질을 꺼내고 122℃까지
끓인다.

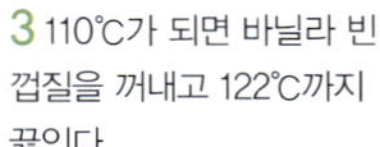

4 오븐 팬에 유산지를 깔고
샐러드 오일(분량 외)을 얇게
바른 카드르를 놓은 다음, 그
안에 ③의 캐러멜을 붓는다.
실온에서 식힌다.

5 캐러멜이 굳으면 카드르에서
빼내 먹기 좋은 한입 크기로
자른다. 칼과 손에 샐러드 오일
(분량 외)을 묻혀 가며 작업한다.

●아망드 쇼콜라

1 냄비에 설탕과 물을 넣고
프티 불레(94쪽 참조) 상태까지
졸여 아몬드 알맹이를 넣는다.

2 불을 끄고 시럽과 아몬드를
잘 섞는다. 설탕이 점차로
결정화되어 하얗게 된다.

3 설탕이 하얗게 되면 다시
불에 올린다. 계속 저어 가며
중간 불에 끓인다. 튀는 소리가
나고 설탕이 깨끗한 캐러멜
색이 나면 완성.

4 불을 끄고 버터를 넣어 섞은
다음 오븐 팬에 옮겨 식힌다.
아몬드 알맹이가 서로 붙어
있는 경우 포크 등으로 떼어
놓는다.

5 ④가 완전히 식으면 중탕
상태로 녹인 초콜릿을 손에
약간 묻히고 아몬드를 5~6알
얹어 초콜릿을 입힌다.

6 체에 친 코코아 파우더를
바트에 넣고 안에 ⑤의
아몬드를 넣은 다음 포크
등으로 굴려 가루를 묻힌다.

7 ⑥의 아몬드를 체에 넣어
여분의 코코아 파우더를 내린다.

커피와 프랑부아즈 풍미의 초콜릿

PALET OR , FRAMBOISE

초콜릿의 달콤한 맛이 커피, 프랑부아즈(라즈베리)와 절묘한 조화를 이루는 봉봉 초콜릿.

재료 (8인분)

18×18cm의 카드르 틀 1개
봉봉 초콜릿용 틀 1개분

●팔레 오르

쿠베르튀르 초콜릿
　(세미스위트) 165g
생크림 100cc
물엿 16g
인스턴트 커피 6g
버터 20g

쿠베르튀르 초콜릿 (세미스위트)
　적당량

●프랑부아즈

쿠베르튀르 초콜릿
　(세미스위트) 90g
쿠베르튀르 초콜릿
　(밀크 초콜릿) 50g
생크림 90cc
물엿 10g
프랑부아즈 퓌레 100g
버터 5g

쿠베르튀르 초콜릿
　(세미스위트, 화이트) 적당량

● 팔레 오르

1 가나슈를 만든다. 초콜릿을 중탕해 녹이고, 냄비에 생크림·물엿·인스턴트 커피를 넣고 팔팔 끓인 다음 초콜릿에 조금씩 부어 마요네즈 상태를 만든다.

2 ①의 열이 식으면 부드러운 버터를 넣고 섞는다. 이때 ①의 온도가 높으면 버터가 녹아 버리므로 주의한다.

3 오븐 팬 위에 유산지를 깔고 카드르 틀을 얹어 ②의 가나슈를 흘려 붓는다. 고무 주걱으로 표면을 평평하게 해 냉장고에 넣는다.

4 ③이 굳으면 가장자리에 나이프를 넣어 카드르에서 빼내고 차게 해둔 도마 위에 놓는다. 표면에 템퍼링한 초콜릿(92쪽 참조)을 바른다.

5 초콜릿이 굳으면 뒤집어 유산지를 벗기고 따뜻한 칼로 폭 3cm의 길쭉한 직사각형으로 자른다. 다음에 방향을 90도 바꿔 폭 4cm의 직사각형으로 자른다.

6 템퍼링한 초콜릿 속에 ⑤를 1개씩 넣고 초콜릿용 포크로 건져 내 유산지를 깐 오븐 팬에 옮긴다.

7 초콜릿이 응고되기 전에 로고가 찍힌 셀로판지를 씌우거나 포크로 표면에 무늬를 새긴다.

● 프랑부아즈

1 팔레 오르의 과정 ①~②를 참조해 가나슈를 만드는데 프랑부아즈 퓌레는 생크림, 물엿과 함께 끓인다.

2 깨끗하게 닦은 틀에 템퍼링한 화이트 초콜릿을 붓고 초콜릿 껍데기(coque en chocolat 코크 앙 쇼콜라)를 만들어 둔다 (93쪽 참조).

3 코르네(98쪽 참조)에 ①의 가나슈를 채워 ②의 틀의 8부 정도 높이까지 짜낸다. 2~3시간 실온에 놓아 둔다.

4 ③의 가나슈 표면에 얇은 막이 생기면 위에서 화이트 초콜릿을 채우는 식으로 팔레트로 바른다.

5 ④의 초콜릿 표면이 점토 상태가 되면 팔레트로 긁어 내어 평평하게 만든다. 틀째 냉장고에 몇 분간 넣어 초콜릿이 완전히 응고되면 틀에서 빼낸다.

MENDIANT, NOUGAT BLANC
망디앙, 누가 블랑

CERISE LIQUEUR
체리 리큐르의 봉봉

망디앙, 누가 블랑
MENDIANT, NOUGAT BLANC

드라이 프루츠를 듬뿍 얹은 초콜릿과 전통적인 맛의 화이트 누가. 색다른 느낌으로 즐길 수 있는 과자이다.

재료(8인분)
가로 8×세로 30×높이 7cm의
홈통 틀 1개분

●망디앙
초콜릿(화이트) 100g
초콜릿(블랙) 100g
드라이 아브리코트 5개
오렌지 필 10개
드레인드 체리(붉은색) 5개
건포도 20알
아몬드 10알
헤이즐넛 10알
피스타치오 20알

●누가 블랑(화이트 누가)
┌ 벌꿀(프로방스산) 125g
A │
└ 물엿 20g
┌ 설탕 250g
B │
└ 물엿 30g
달걀흰자 55g
설탕 15g
아몬드 125g
피스타치오 30g
드레인드 체리(붉은색) 30g

commentaires:
· 실리콘 가공 시트 대신 쿠킹
시트도 좋지만 주름이 생기기
쉽다.
아몬드와 헤이즐넛은 껍질을
제거하고, 드라이
아브리코트 · 드레인드
체리 · 오렌지 필은 반으로
자른다. 피스타치오는 구우면
색이 나빠지므로 그대로
사용한다.

● 망디앙
1 오븐 팬 위에 유산지를 깔고
템퍼링한 화이트 초콜릿과 블랙
초콜릿(92쪽 참조)을 각각
코르네(98쪽 참조)에 넣어 지름
3cm 정도의 원형으로 10개씩
짜낸다.

2 기초 손질을 해둔 드라이
프루츠와 너트를 초콜릿 위에
보기 좋게 얹는다.

● 누가 블랑
1 드레인드 체리는 130~140℃
오븐에서 건조시킨다. 같은
오븐에 아몬드를 넣고 균열이
생길 정도로 굽는다.

2 달걀흰자를 거품 낸다. 15g의
설탕을 두 번에 나눠 넣고 끝이
뾰족해질 때까지 젓는다.

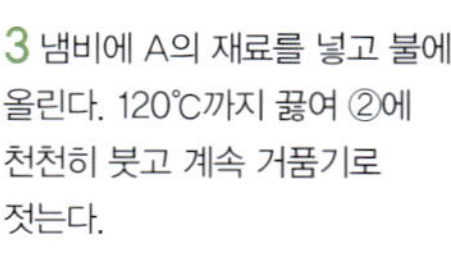

3 냄비에 A의 재료를 넣고 불에
올린다. 120℃까지 끓여 ②에
천천히 붓고 계속 거품기로
젓는다.

4 B의 재료를 냄비에 넣고 불에
올린다. 160℃까지 끓여 ③에
천천히 붓고 계속 거품기로
젓는다.

5 ④가 되직해지고 윤기 있는
상태가 되면 피스타치오와
아몬드를 넣고 섞는다.

6 마지막으로 드레인드 체리를
넣어 가볍게 섞는다. 너무
저으면 퓌레 상태가 되므로
주의한다.

7 홈통 틀에 실리콘 가공
시트를 깔고 ⑥을 카드로
조금씩 채운다. 서서히 반죽이
굳어지므로 스푼으로 샐러드
오일(분량 외)을 발라 반죽을
평평하게 만들어 가며 채우는
것이 좋다.

8 카드로 평평하게 다듬은 뒤
24시간 실온에 놓아
응고시킨다.

9 틀에서 빼내 시트를 벗긴다.

10 칼에 샐러드 오일(분량
외)을 발라 1cm 폭으로 자른다.

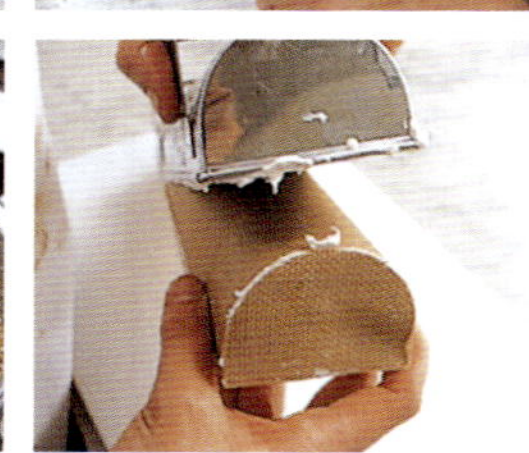

체리 리큐르의 봉봉
CERISE LIQUEUR

잘 녹아든 퐁당과 키르슈 향이 입 안 가득 퍼지는 달콤한 과자.

재료 (8인분)

그리오트(키르슈에 절인 체리)
30개
퐁당 100g
키르슈 50cc
쿠베르튀르 초콜릿(블랙) 300g
슈거 파우더 적당량

수플레 초콜릿 적당량

commentaires:

· **퐁당 (fondant)**

시럽을 일정 온도까지 졸여
되직하고 윤기 있는 크림 상태로
만든 것. 가정에서 만들기 쉽지
않으므로 시판되고 있는 것을
사용한다.
퐁당은 봉봉의 속으로 사용하기도
하고 과자 표면에 끼얹기도 한다.
과자 표면에 끼얹는 경우는 체온
정도까지 중탕시켜 부드럽게
한다. 보메 30도 시럽으로 당도를
조절해 매끄러운 상태로 만들어
사용한다.

1 냄비에 퐁당을 넣고 약한 불에 끓여 부드럽게 만든다.

2 불을 끄고 키르슈를 넣는다.

3 그리오트를 1개씩 ②의 퐁당으로 코팅한다.

4 유산지 위에 슈거 파우더를 뿌리고 ③을 얹는다.

5 템퍼링한 초콜릿(92쪽 참조)을 유산지 위에 얇게 발라 편다.

6 ⑤의 초콜릿이 점토 정도로 굳으면 지름 2cm의 원형 틀로 눌러 자국을 내둔다.

7 ⑥이 완전히 응고되면 자국을 낸 초콜릿을 빼낸다.

8 ⑦ 위에 ⑤의 나머지 초콜릿을 녹여 코르네(98쪽 참조)로 약간 짜내고, 위에 ④의 그리오트를 얹는다.

9 템퍼링한 초콜릿으로 ⑧을 코팅한다.

10 수플레 초콜릿 위에 ⑨를 얹고 실온에 놓아 응고시킨다. 실내가 따뜻할 때는 잠깐 냉장고에 넣는다.

MACARON
바닐라와 프랑부아즈 풍미의 마카롱

VISITANDINE
비지탕딘

바닐라와 프랑부아즈 풍미의 마카롱
MACARON

프랑스에서는 맛있는 마카롱을 만들 수 있어야 제대로 된 베이커리라고 일컬어지고 있다. 심플하지만 숙련된 기술이 필요한 과자이다.

재료 (8인분)
아몬드 파우더 125g
슈거 파우더 225g
달걀흰자 150g
설탕 75g

식용색소(붉은색) 약간

버터 적당량
마스팽 적당량
바닐라 에센스 약간

씨가 든 프랑부아즈 잼 적당량

commentaires:
· 마카롱이 다 구워졌는지를 확인하는 방법은 오븐 팬에서 꺼내 한 번 뒤집는다. 반죽 안쪽이 끈적끈적 손에 달라붙지 않으면 완성.(과정 ⑧)
· 마스팽은 장식용과 반죽용 두 가지 종류가 있다. 여기에서는 반죽용을 사용한다.(18쪽 호두를 넣은 케이크는 장식용을 사용한다.)

1 볼에 달걀흰자를 넣고 설탕을 여러 번에 나눠 섞으면서 끝이 약간 뾰족해질 정도로 거품을 낸다.

2 ①을 110g씩 반으로 나눠 한쪽 달걀흰자에 식용색소를 넣는다. 흰색과 분홍색의 두 가지 색을 만든다.

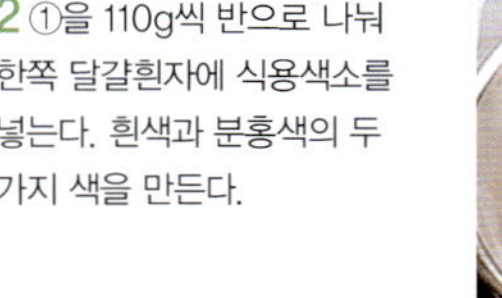

3 아몬드 파우더와 슈거 파우더를 섞어 체에 내린 다음 반으로 나눈다. ②의 두 가지 색의 반죽에 각각 가루를 여러 번에 나눠 넣고 섞는다.

4 볼 측면에서 중앙을 향해 카드로 반죽을 접어 넣듯 섞는다.

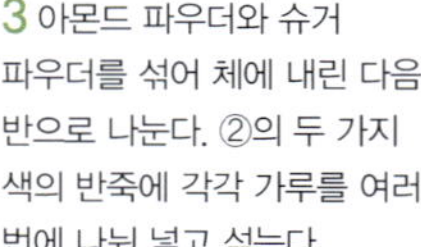

5 반죽 표면에 윤기가 나면 작업을 중지한다.

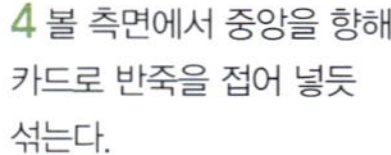

6 지름 0.5cm의 깍지를 끼운 짜주머니에 ⑤를 넣는다. 오븐 팬에 갈색 종이를 깔고 지름 2~3cm의 공 모양으로 짜낸다.

7 다른 오븐 팬에 ⑥을 얹고 오븐 팬을 2장 겹쳐 190℃ 오븐에 넣는다. 5분 정도 구우면 표면이 마른 상태가 되므로 그때 밑의 오븐 팬을 꺼내고 온도를 170℃로 낮추어 굽는다.

8 다 구워지면 식힘망에 옮겨 완전히 식힌다. 종이째 뒤집어 붓으로 충분히 물을 발라 종이 전체를 축축하게 한다.

9 바로 ⑧을 뒤집어 식힘망에 놓고 마카롱을 종이에서 1개씩 떼어 낸다.

10 같은 양의 버터와 마스팽, 약간의 바닐라 에센스를 섞어 지름 0.5cm의 깍지를 끼운 짜주머니에 넣는다. 흰색 마카롱 1/2 분량의 구운 면과 반대쪽 면에 짜내고 남은 마카롱을 얹어 붙인다.

11 프랑부아즈 잼을 코르네 (98쪽 참조)에 채워 핑크색 마카롱 1/2 분량에 짜내고 마카롱을 얹어 놓는다. 흰색과 핑크색을 어울려 놓아도 좋다.

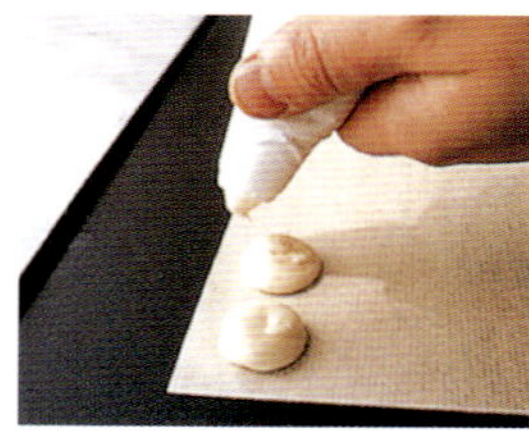

비지탕딘
VISITANDINE

수도원에서 만들어진 과자로 넘쳐나는 흰자를 이용해서 만든 과자이다. 아몬드 파우더와 버터가 들어가는 둥글거나 타원형의 고전적인 과자.

재료 (8인분)

지름 5×높이 1cm의
프티 타르틀레트 틀 18개분

아몬드 파우더 25g
박력분 25g
슈거 파우더 75g
버터 60g
달걀흰자 2개분

1 버터를 태운다. 냄비에 버터를 넣고 끓이다, 튀는 소리가 점점 작아지고 표면에 생긴 기포가 희고 작은 상태가 되며 고소한 향이 나면 완성.

2 불을 끄고 냄비를 얼음물에 담가 열을 식힌다.

3 체에 쿠킹 페이퍼를 깔고 ②의 태운 버터를 체에 거른다.

4 달걀흰자를 가볍게 저어 무스 상태로 푼 다음 슈거 파우더를 2~3회에 나눠 넣고 매끄러워질 때까지 섞는다.

5 ④에 ③의 버터를 부어 섞는다.

6 아몬드 파우더와 박력분을 섞어 체에 내리고 ⑤에 섞은 다음 냉장고에서 1시간 휴지시킨다.

7 버터(분량 외)를 바른 틀을 오븐 팬에 가지런히 늘어놓는다. 지름 0.5cm의 깍지를 끼운 짜주머니에 ⑥의 반죽을 채워 틀에 짜낸다.

8 200℃ 오븐에 미리 오븐 팬 1개를 넣어 예열한 다음 ⑦을 옮겨 다시 오븐에 넣는다.

9 부풀어오른 중앙 부분이 약간 흰색을 띠고, 주위에 엷은 갈색이 나면 완성.

10 바로 틀에서 꺼내 식힘망 위에 올려 식힌다. 바로 꺼내지 않으면 습기가 찬다.

TUILE COCO, TUILE AMANDE
코코넛과 아몬드 풍미의 튀일

PAILLE, SACRISTAIN, PAPILLON
파이, 사크리스탱, 파피용

코코넛과 아몬드 풍미의 튀일
TUILE COCO, TUILE AMANDE

튀일은 '기와' 라는 뜻. 과자 모양이 프랑스 지붕의 기와를 닮은 것에서 그 이름이 유래되었다.

재료(8인분)

●튀일 코코 (25개분)
코코넛 파우더 80g
박력분 20g
설탕 100g
버터 70g
달걀흰자 80g

●튀일 아망드(12~15개분)
슬라이스 아몬드 80g
박력분 10g
버터 녹인 것 10g
설탕 50g
달걀흰자 1개분
바닐라 슈거 약간

● 튀일 코코

1 포마드 상태의 부드러운 버터에 설탕을 넣고 매끄러워질 때까지 젓는다.

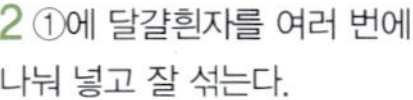

2 ①에 달걀흰자를 여러 번에 나눠 넣고 잘 섞는다.

3 박력분과 코코넛 파우더를 섞어 체에 내려 ②에 섞은 다음 냉장고에서 30분간 휴지시킨다.

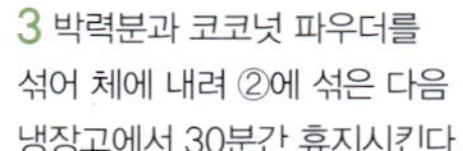

4 ③의 반죽을 지름 1cm의 깍지를 끼운 짜주머니에 넣어 버터(분량 외)를 얇게 바른 오븐 팬 위에 지름 4cm 정도의 공 모양으로 12개 짜내고 다시 냉장고에 30분 정도 넣어 둔다.

5 밑바닥이 평평한 계량컵에 뜨거운 물을 묻혀 ④의 반죽을 눌러 납작하게 만든다. 포크에 물을 묻혀 반죽을 으깨도 좋다.

6 200℃ 오븐에 넣는다. 중앙 부분이 하얗고 주위에 엷은 갈색이 나면 꺼내어 밀대 위에 1장씩 간격을 두고 얹는다. 구티에르(홈통 틀)를 사용해도 좋다.

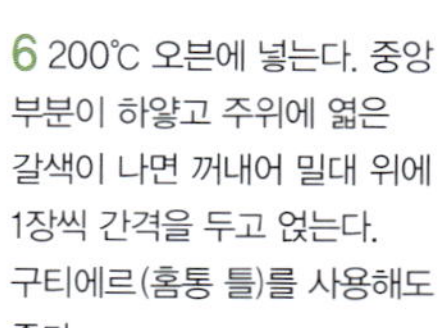

● 튀일 아망드

1 달걀흰자를 풀어 무스 상태로 만든 다음 설탕을 넣고 섞는다.

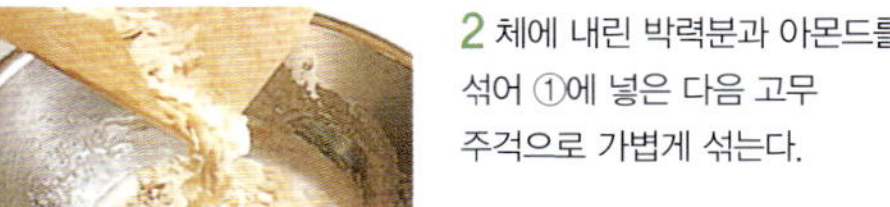

2 체에 내린 박력분과 아몬드를 섞어 ①에 넣은 다음 고무 주걱으로 가볍게 섞는다.

3 마지막으로 버터 녹인 것을 부어 섞는다.

4 오븐 팬에 얇게 버터(분량 외)를 바른다. 반죽을 스푼 하나 가득 떠 오븐 팬에 간격을 주어 여러 개 놓고 실온에서 30분 정도 휴지시킨다.

5 포크에 물을 묻혀 가며 ④의 반죽을 눌러 지름 4~5cm 크기로 얇게 편 다음 180℃ 오븐에 넣는다.

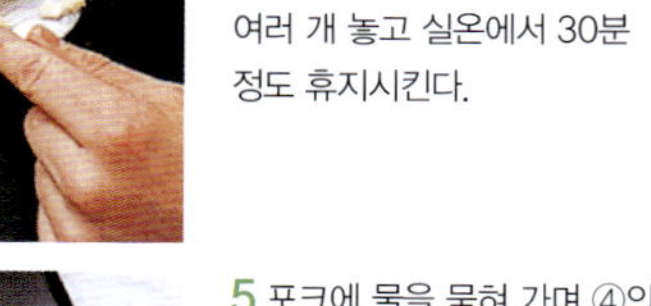

6 전체적으로 깨끗한 갈색이 나면 오븐에서 꺼내 구운 면을 밑으로 나오게 구티에르에 1장씩 놓아 둥근 모양을 만든다. 밀대에 그대로 얹어도 좋다.

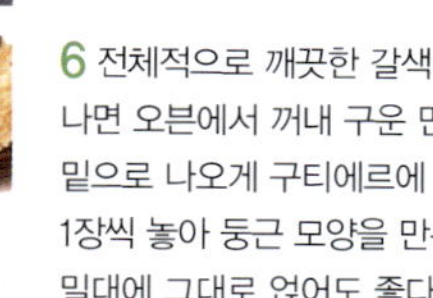

파이, 사크리스탱, 파피용
PAILLE, SACRISTAIN, PAPILLON

아페리티프(식사 전에 식욕을 돋우기 위해 마시는 술)나 차와 함께 즐기는 바삭바삭한 파이. 한입 크기의 파이는 그 모양도 귀엽다

재료 (8인분)

푀이타주
박력분 250g
강력분 250g
물 250cc
버터 50g
소금 약간
설탕 약간
버터(끼워넣기용) 375g

아몬드 다이스 적당량
설탕 적당량

달걀물 적당량

commentaires:

· 푀이타주 만드는 법
파트 푀이테 클래식 반죽을 만들어
(100쪽 참조) 4겹 접기, 3겹 접기
단계에서 휴지시킨다. 60×30cm
크기로 늘려 설탕을 뿌리고 밀대를
굴려 반죽에 밀착시킨다. 양끝에서
1/4과 3/4의 비율로 반죽을 접어
위에서 설탕을 뿌린 다음 다시
반으로 접는다. 방향을 90도 바꿔
60×20cm 크기로 편다. 설탕을
뿌려 밀대로 반죽에 밀착시킨다.
이번에는 3겹으로 접어 냉장고
에서 1시간 휴지시켜 3등분 한다.

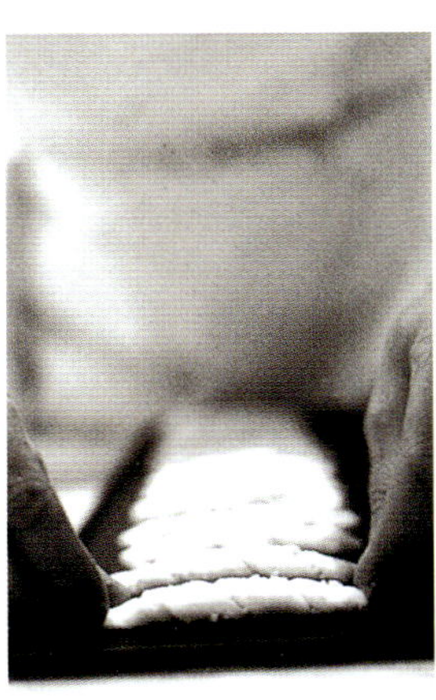

● 파이

1 푀이타주의 1/3을
30×20cm로 늘려 8cm 폭의
직사각형 시트를 3장 만든다.

2 1장의 시트 표면에 얇게
달걀물을 바르고 그 위에
설탕을 뿌린다.

3 2장째 시트를 얹어 ②와 같은
작업을 반복하고 3장째의
시트를 얹은 다음 랩으로 싸
냉장고에 1시간 휴지시킨다.

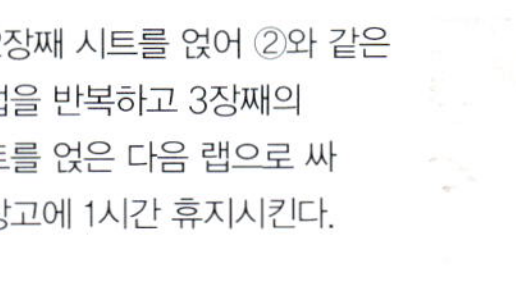

4 ③의 시트 표면에 달걀물을
바르고 설탕을 뿌린다. 반대로
뒤집어 마찬가지로 작업한다.

5 긴 변의 가장자리 양끝을
잘라 내고 6cm 폭으로
깨끗하게 자른 다음 짧은 변을
0.8cm씩 막대 모양으로
자른다.

6 절단면을 위로 놓고 180℃
오븐에 양면에 엷은 갈색이 날
때까지 굽는다.

● 파피용

1 '파이'의 과정 ①~⑤와 같은
방법으로 작업한다. 짧은 변을
0.8cm씩 막대 모양으로 잘라
반죽 중심 부분을 손가락으로
누르면서 한 번 비틀어 준다.

2 오븐 팬에 얹어 180℃ 오븐에
엷은 갈색으로 양면을 구워
낸다.

● 사크리스탱

1 반죽을 50×15cm로 늘려
4겹으로 접은 뒤 양끝을 잘라
내고 10cm 폭의 긴
직사각형으로 만든다.

2 반죽을 펴고 표면에 달걀물을
바른다. 아몬드 다이스를 뿌리고
위에 밀대를 굴려 완전히
밀착시킨다. 설탕을 뿌리고
뒤집어 한 번 더 같은 작업을
반복한다.

3 ②의 시트를 2cm 폭의 막대
모양으로 잘라 시트 양면을
잡고 여러 번 비튼다.

4 ③을 그대로 오븐 팬 위에
놓는다. 냉장고에서 휴지시킨
다음 180℃ 오븐에 넣어
노릇노릇해질 때까지 굽는다.

앙트르메
CLAIRE FONTAINE
오렌지 바바루아 앙트르메

ABRICOTIER
아브리 코티에

오렌지 바바루아 앙트르메
CLAIRE FONTAINE

'맑은 샘물' 이라는 뜻처럼, 시럽에 조린 오렌지가 맑은 샘을 연상시키는 앙트르메이다.

재료(8인분)
지름 18×높이 4cm의 망케 틀
1개분

제누아즈
달걀 3개
설탕 100g
박력분 100g
버터 20g

오렌지 바바루아
우유 180cc
달걀노른자 3 1/2개분
설탕 85g
판 젤라틴 8g
바닐라 빈 1/3개
쿠앵트로 5cc
오렌지 과즙 66cc
생크림 180cc

오렌지 데커레이션
오렌지 2개
설탕 150g
물 300cc

시럽
오렌지 끓인 국물
쿠앵트로 20cc

그라사주 적당량

finition:
틀에서 빼내 그라사주(63쪽 참조)를 위에 흘려 붓고 팔레트로 표면을 매끈하게 정리한다.

commentaires:
· 뤼방(ruban) 상태란 섞어 놓은 반죽이 되직해지고, 떠서 떨어뜨리면 리본 모양으로 부드럽게 떨어지는 상태.(과정 ①)
· 나프(nappe) 상태는 끓인 액체를 나무 주걱 등으로 떠올렸을 때 마치 테이블보를 간 것처럼 나무 주걱 표면에 착 휘감기는 농도가 된 것.(과정 ⑦)

1 제누아즈를 만든다. 볼에 달걀과 설탕을 넣어 섞고 중탕 상태로 거품 낸다. 달걀 온도가 체온 정도가 되면 중탕했던 볼을 꺼내 리본 상태가 될 때까지 젓는다.

2 버터는 중탕시켜 녹이고 ①의 반죽을 소량 섞어 둔다.

3 ①에서 남은 반죽에 체에 친 박력분을 조금씩 넣고 고무 주걱으로 반죽을 떠올리며 가볍게 섞는다. 마지막에 ②의 반죽을 넣고 재빨리 섞어 준다.

4 망케 틀에 버터(분량 외)를 바르고 강력분(분량 외)을 충분히 뿌린다. ③의 반죽을 부어 넣고 골고루 구워지도록 중앙에 약간 홈을 판다. 180℃ 오븐에 25분 정도 굽는다.

5 냄비에 설탕과 물을 넣어 팔팔 끓인다. 오렌지를 0.3cm 두께의 원형으로 썰어 넣고 종이를 덮어 약한 불에 끓인다. 흰 부분이 반투명해지면 체에 밭쳐 수분을 제거한다. 끓인 국물은 남겨 둔다.

6 바바루아를 만든다. 냄비에 우유, 바닐라 빈, 설탕 1/3 분량을 넣어 팔팔 끓인다. 볼에 달걀노른자와 나머지 설탕을 넣고 크림색을 띨 때까지 섞는다.

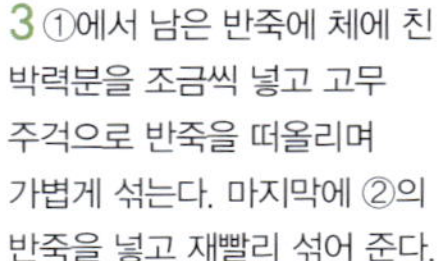

7 볼에 달걀노른자를 넣고 끓인 우유를 부어 잘 섞은 다음 다시 냄비에 옮긴다. 과즙을 넣고 약한 불에 올려 나무 주걱으로 저으며 걸쭉한 나프 상태를 만든다.

8 불을 끄고 물에 불린 젤라틴을 넣어 섞는다. 체에 내리고 볼째 얼음물에 담가 열을 식힌 다음 쿠앵트로를 넣는다.

9 ⑤의 오렌지를 망케 틀에 붙인다. 측면에 오렌지가 L자형이 되도록 6장, 중앙에 1장을 놓는다.

10 ④의 제누아즈의 구운 면을 잘라 버리고 2장(약 1cm 두께)으로 잘라 지름 16cm의 세르클 틀로 찍어 낸다. ⑤의 오렌지 과즙에 쿠앵트로를 넣고 시럽을 만들어 시트의 한쪽 면에 바른다.

11 생크림을 60%로 휘핑해 1/3 분량을 오일 정도 농도의 ⑧에 섞는다. 이것을 나머지 생크림에 넣어 섞은 다음 ⑨의 틀에 1/3 정도까지 흘려 붓고 스푼으로 평평하게 정리한다.

12 ⑩의 시트 뒷면에도 시럽을 발라 ⑪ 위에 얹는다. 위에 다시 바바루아를 흘려 붓고 스푼으로 평평하게 정리한 다음 시트 양면에 가볍게 시럽을 발라 얹고 유산지, 망 순으로 얹어 냉장고에 넣는다.

아브리코티에
ABRICOTIER

다쿠아즈와 오렌지 무슬린 크림의 앙트르메. 바닐라 풍미의 시럽에 조린 드라이 아브리코트가 부드럽게 어우러진다.

재료 (8인분)
지름 18×높이 4.5cm의 세르클
틀 1개분

다쿠아즈 오 자망드
아몬드 파우더 140g
슈거 파우더 140g
박력분 60g
달걀흰자 225g
설탕 65g

크렘 무슬린 오 조랑주
오렌지 과즙 260cc
오렌지 껍질 간 것 1/2개분
설탕 80g
달걀노른자 4개분
콘스타치 30g
버터 195g
쿠앵트로 20cc

콩포트 다브리코트
드라이 아브리코트 120g
물 200cc
설탕 100g
바닐라 빈 1/4개

commentaires:
· 생토노레용 깍지를 끼워 짜낼
때는 짜주머니를 수직으로 세워
작업하면 예쁜 반달형이 된다.
(과정 ②)

반죽이 다 구워지면 뒷면의 색도
확인한다. 얼룩이 없고 엷은
갈색이 나 있어야 한다. (과정 ③)

1 다쿠아즈 반죽을 만든다.
달걀흰자에 설탕을 2~3회로
나눠 넣으면서 끝이 뾰족해질
때까지 거품 내고, 여기에
섞어서 체에 내린 아몬드
파우더 · 슈거 파우더 · 박력분을
넣어 가볍게 섞는다.

2 생토노레용 깍지를 끼운
짜주머니에 ①을 넣고, 유산지를
깐 오븐 팬에 밀가루 묻힌 지름
18cm의 세르클 틀로 자국을 낸
다음, 원주에서 중앙으로
짜낸다. 중앙에 둥글게 수북이
짜서 마무리한다.

3 0.5cm의 원형 깍지로 바꿔
5cm 길이의 막대 모양과 지름
16cm의 나선형으로 짜내고
전부에 슈거 파우더(분량 외)를
두 번 뿌려 180℃ 오븐에 10분
정도 굽는다.

4 크렘 무슬린을 만든다.
냄비에 오렌지 과즙과 껍질,
설탕 1/3 분량을 넣어 팔팔
끓인다. 볼에 달걀노른자, 설탕
2/3 분량을 넣고 크림색이 될
때까지 젓다 콘스타치를 넣는다.

5 과즙이 끓어오르면
달걀노른자를 넣은 볼에 붓고
잘 섞은 다음 체에 내린다.
냄비에 넣고 중간 불에 올려
거품기로 저으면서 팔팔 끓여
걸쭉하게 만든다.

6 불을 끄고 포마드 상태로
만든 버터 1/3 분량을 넣고
섞는다. 볼에 옮겨 얼음물에
담가 열을 식히고 쿠앵트로를
넣는다.

7 남은 2/3 분량의 버터를 두
번에 나눠 ⑥에 넣어 섞고
크림색이 될 때까지 거품기로
젓는다.

8 냄비에 드라이 아브리코트,
바닐라 빈을 넣고 뚜껑을 덮어
불에 올린다. 끓어오르면 설탕을
넣고 다시 뚜껑을 덮어 약한
불에 끓인다. 아브리코트가
부드러워지면 불을 끈다.

9 ③의 막대 모양 다쿠아즈
반죽의 위아래를 잘라 내어
4.5cm 길이로 만든다. 오븐
팬에 받침 종이, 지름 18cm의
세르클 틀 순으로 얹고 틈이
생기지 않도록 측면에 채워
넣는다.

10 ③의 나선형 다쿠아즈
반죽을 지름 16cm 세르클 틀로
찍어 낸다. 아브리코트 끓인
국물을 반죽 표면에 가볍게 발라
⑨의 세르클 틀 바닥에 깐다.
수분을 제거한 아브리코트를
가지런히 얹어 가볍게 눌러 둔다.

11 지름 1cm의 깍지를 끼운
짜주머니에 ⑦의 무슬린을 채워
틀 높이의 반 정도까지 짜내고
표면을 평평하게 다듬어 준다.

12 다시 아브리코트를
가지런히 얹고 무슬린을 짜낸다.
팔레트로 평평하게 하고 ③의
방사형 다쿠아즈 반죽을 얹은
다음 냉장고에 넣어 차게
응고시킨다.

FEUILLE D' AUTOMNE
마롱 무스와 초콜릿 비스퀴 앙트르메

CARACOCO
캐러멜과 코코넛 무스 앙트르메

마롱 무스와 초콜릿 비스퀴 앙트르메
FEUILLE D'AUTOMNE

맛은 물론 영양도 풍부한 밤을 이용한 디저트. 표면을 장식한 초콜릿이 과자 이름대로 가을 낙엽을 연상시킨다.

재료(8인분)
지름 18×높이 4.5cm의 세르클
틀 1개분

비스퀴 쇼콜라
달걀노른자 3개분
달걀흰자 3개분
설탕 75g
┌ 박력분 35g
A 콘스타치 25g
└ 코코아 파우더 15g

시럽
물 100cc
설탕 70g
위스키 30cc

무스 오 마롱
마롱 크림(밤 페이스트) 170g
위스키 15cc
생크림 15cc
판 젤라틴 3g
생크림 250cc

시럽에 절인 마롱 적당량
위스키 적당량

쿠베르튀르 초콜릿 500g
슈거 파우더 적당량

commentaires:
이 앙트르메는 비스퀴를 3단으로
쌓기 위해, 사이에 짜내는 무스는
0.5cm 정도의 두께로 한다.

1 비스퀴 쇼콜라를 만든다.
달걀흰자에 설탕을 세 번에
나눠 넣고 끝이 뾰족해질
때까지 거품 낸 뒤
달걀노른자를 넣는다. 섞어 체에
내린 A를 넣고 가볍게 섞는다.

2 오븐 팬에 유산지를 깐다.
지름 0.5cm의 깍지를 끼운
짜주머니에 ①을 넣는다.
중심에서 원을 그리며
나선형으로 짜내 지름 16cm의
크기로 3장을 만든다.

3 슈거 파우더(분량 외)를
두 번 뿌리고 180℃ 오븐에
10분 정도 굽는다. 다 구워지면
식힘망에 옮겨 식힌다.

4 무스 오 마롱을 만든다.
15cc의 생크림을 중탕 상태로
데운다. 물에 불린 판 젤라틴을
넣고 녹여 둔다.

5 다른 볼에 마롱 크림과
위스키를 섞고 일부를 ④에
넣는다.

6 ④와 ⑤의 나머지를 섞는다.
250cc의 생크림을 거품 내어
1/3 분량과 섞은 다음 남은 2/3
분량도 넣고 얼룩이 생기지
않도록 골고루 섞어 부드럽게
만든다.

7 비스퀴를 지름 16cm의
세르클 틀로 찍어 내어
식힘망에 얹고 구운 면에
시럽을 바른다. 유산지 위에
지름 18cm의 세르클 틀을 놓고
비스퀴를 1장 넣는다.

8 깍지를 끼운 짜주머니에 ⑥의
무스를 넣고 비스퀴 가장자리에
2단으로 짜낸다. 다음으로
중앙에서부터 나선형으로 짜내
스푼으로 평평하게 다듬어 준다.
세르클 틀 측면에도 무스를
바른다.

9 손으로 가볍게 흩뜨려 놓은,
시럽에 절인 마롱에 위스키를
뿌려 ⑧의 크림 위에 얹고
가볍게 스푼으로 누른다.
2장째의 비스퀴 반대쪽 면에도
시럽을 바르고 위에 얹어
손으로 눌러준다.

10 과정 ⑧, ⑨를 한 번 더
반복한다. 3장째 시트를 얹어
가볍게 손으로 누른 다음 위에
무스를 짜내고, 팔레트로 표면을
평평하게 다듬어 냉장고에
넣는다.

11 녹인 쿠베르튀르 초콜릿을
오븐 팬 뒷면에 가볍게 바른다
(93쪽 참조). 손에 묻지 않을
정도로 굳어지면 삼각 팔레트로
띠 모양으로 깎아 세르클 틀을
제거한 ⑩ 주위에 붙인다.

12 남은 초콜릿을 부채꼴로
깎아 에방타유를 만들고(93쪽
참조) ⑪의 표면에 빙 둘러
얹는다. 마무리로 슈거 파우더를
뿌린다.

캐러멜과 코코넛 무스 앙트르메
CARACOCO

부드럽고 달콤한 맛의 2색 무스. 어린이부터 어른까지 널리 사랑받는 맛이다.

재료(8인분)

지름 18×높이 4.5cm의 세르클
틀 1개분

비스퀴 아 라 퀴이예르

달걀노른자 · 달걀흰자 3개분씩
설탕 · 박력분 100g씩
아몬드 · 피스타치오(모두 잘게
부순다) · 코코넛 파우더 약간씩

바바루아 오 캐러멜

달걀노른자 2개분
우유 150cc
설탕 75g
판 젤라틴 6g
생크림 80cc

바바루아 누아 드 코코

코코넛 밀크 120cc
달걀노른자 3개분
설탕 60g
판 젤라틴 7g
생크림 140cc

시럽

물 100cc
설탕 80g
코코넛 리큐르 30cc

크렘 캐러멜

설탕 100g
생크림 140cc

그라사주 적당량

commentaires:

· 캐러멜 만드는 법

가열한 냄비에 설탕을 넣어
녹인다. 작은 기포가 일기
시작하다 점차 큰 거품으로
변하며 동시에 흰 연기(petite
fumé 프티트 퓌메)가 나기
시작한다. 이 연기와 거품 상태가
완성의 표시.

· 크렘 캐러멜 만드는 법

냄비에 설탕 100g을 넣고
캐러멜을 만든다. 데운 생크림
140cc를 부어 캐러멜을 녹이고
다시 끓어오르면 볼에 옮겨
식힌다.

---

1 비스퀴 아 라 퀴이예르를
만든다. 달걀흰자에 설탕을 두세
번에 나눠 넣으면서 끝이
뾰족해질 때까지 거품 내고
달걀노른자를 넣는다. 다음으로
체에 친 박력분을 넣고 가볍게
섞는다.

2 오븐 팬에 유산지를 깔고
지름 0.5cm의 깍지를 끼운
짜주머니에 ①을 채운다. 지름
16cm의 나선형으로 2장, 5cm
폭의 띠 모양이 되도록
비스듬히 막대 모양으로 반죽을
짜낸다.

3 슈거 파우더(분량 외)를
뿌리고 막대 모양으로 짜낸
반죽에 너트와 코코넛
파우더를 뿌려 팔레트로 가볍게
눌러 준다. 190℃ 오븐에
10~12분 정도 굽는다. 표면과
바닥에 옅은 갈색이 나면 완성.

4 바바루아 오 캐러멜을
만든다. 가열한 냄비에 2/3
분량의 설탕을 넣는다. 캐러멜이
되면 데워 둔 우유를 두 번에
나눠 붓고 캐러멜을 녹여 팔팔
끓인다.

5 볼에 달걀노른자와 남은 1/3
분량의 설탕을 넣고 거품기로
저은 뒤 ④를 넣는다. 잘 섞은
다음 냄비에 옮겨 다시 불에
올리고 나무 주걱으로 섞어
나프(50쪽 참조) 상태가 될
때까지 끓인다.

6 물에 불린 판 젤라틴을 ⑤에
넣어 체에 거른다. 볼에 옮긴
다음 얼음물에 넣고 식힌다.
농도가 오일 상태 정도가 되면
얼음물에서 볼을 꺼낸다.

---

7 띠 모양 비스퀴의 위아래를
잘라 내고 길이 3.5cm로
만들어 가볍게 시럽을 바른
다음 젤라틴을 채워 넣은
세르클 틀 측면에 틈이 생기지
않도록 붙인다.

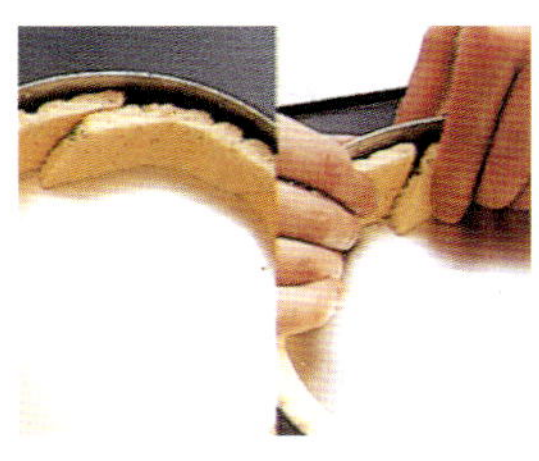

8 60% 정도로 휘핑한 생크림
1/3 분량을 우선 ⑥과 완전히
섞는다. 남은 2/3 분량의
생크림에 넣어 가볍게 섞는다.

9 바바루아 누아 드 코코를
만든다. '클레르 퐁텐'(50쪽)
과정 ⑥, ⑦을 참고해 코코넛
풍미의 크림을 만들어 마지막에
⑧과 같은 요령으로 생크림과
섞는다.

10 구운 면을 밑으로 놓고
나선형의 시트에 시럽을 발라
⑦의 바닥에 넣고 ⑧의
바바루아 오 캐러멜을 붓는다.

11 2장째 시트의 구운 면에도
시럽을 발라 ⑩ 위에 얹는다.
⑨의 바바루아 누아 드 코코를
흘려 붓고 표면을 팔레트로
평평하게 다듬어 냉장고에서
응고시킨다.

12 ⑪의 무스가 굳으면 표면에
크렘 캐러멜을 스푼으로 적당히
바르고 위에 그라사주를
끼얹는다.

CROUSTILLANT AU CHOCOLAT
초콜릿 무스와 비스퀴 앙트르메

GATEAU OPERA
가토 오페라

초콜릿 무스와 비스퀴 앙트르메
CROUSTILLANT AU CHOCOLAT

반죽에 밴 코냑 향이 초콜릿 풍미를 더욱 깊게 해준다.

재료 (8인분)
지름 18×높이 4.5cm의 세르클
틀 1개
지름 16×높이 6cm의 세르클 틀
1개분

퐁 드 로제
초콜릿(밀크) 50g
아몬드 프랄리네 100g
파이유틴 또는 콘플레이크 60g

비스퀴 쇼콜라
달걀흰자 · 달걀노른자 2개분씩
설탕 60g
박력분 50g
코코아 파우더 10g

무스
생크림 90cc
우유 140cc
버터 20g
초콜릿 250g
생크림 100cc

시럽
물 100cc
코냑 30cc
설탕 70g

그라사주 쇼콜라
초콜릿(세미스위트) 125g
생크림 50cc
우유 50cc
나파주 25g
물엿 50g

데커레이션
슬라이스 아몬드 약간
보메 30도 시럽(71쪽 참조) 약간
커피 에센스 적당량
버터 녹인 것 적당량
초콜릿(화이트) 약간

finition:
장식용 아몬드는 슬라이스
아몬드에 보메 30도 시럽과 커피
에센스를 묻혀 160℃ 오븐에
굽는다. 도중에 버터 녹인 것을
섞어 전체에 깨끗한 갈색이 나면
작업대에 꺼내 놓고 가볍게
식힌다.

1 퐁 드 로제를 만든다. 중탕
상태로 녹인 초콜릿에
프랄리네를 넣고 섞은 다음
파이유틴을 넣는다. 지름 16cm
세르클 틀에 채우고 포크로
평평하게 다듬어 냉장고에서 약
1시간 응고시킨다.

2 비스퀴 쇼콜라 반죽을 만들어
(54쪽 참조) 지름 0.5cm의
깍지를 끼운 짜주머니에 넣는다.
오븐 팬에 지름 18cm의 나선형
으로 짜내 2장을 만든다. 슈거
파우더(분량 외)를 뿌려 190℃
오븐에 10~12분간 굽는다.

3 무스를 만든다. 중탕 상태로
녹인 초콜릿에 팔팔 끓인
생크림 90cc와 우유를 조금씩
붓는다. 거품기로 저으면서
마요네즈 상태로 만든다.

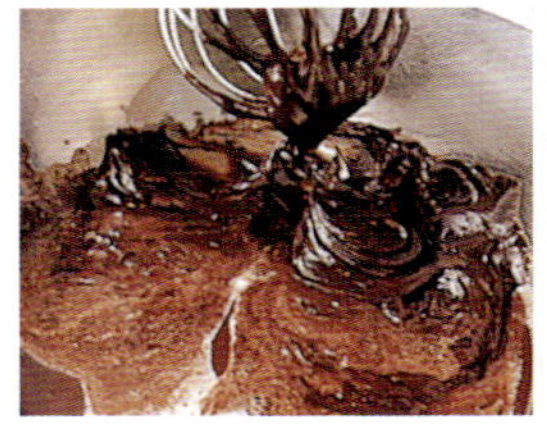

4 포마드 상태의 버터에 열을
식힌 ③을 여러 번에 나눠 넣고
섞는다.

5 생크림 100cc를 60% 정도
휘핑하고 1/3 분량을 ④에 넣어
잘 섞는다. 나머지 분량의
생크림을 넣어 가볍게 섞는다.

6 식은 비스퀴 시트를 지름
18cm와 16cm의 세르클 틀로
각각 찍어 내어 구운 면과
반대쪽 면에 시럽을 바른다.
오븐 팬에 받침 종이를 깔고
지름 18cm 세르클 틀을 얹은
다음 바닥 가장자리에 ⑤의
무스를 짜낸다.

7 지름 18cm의 비스퀴를 틀
안에 넣고 ⑥과 마찬가지로
시트 가장자리에 무스를 짠
다음 중앙에서 나선형을 그리며
다시 짜낸다.

8 스푼으로 세르클 틀 측면까지
다듬어 편다.

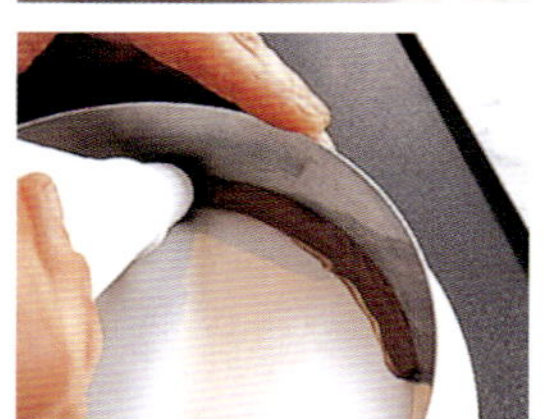

9 ①의 퐁 드 로제를 무스 위에
눌러 얹는다. 위에서 무스를
1cm 정도 두께로 짜내
스푼으로 표면을 평평하게
정리한다.

10 지름 16cm 비스퀴의 구운
면에도 시럽을 바르고 ⑨ 위에
얹어 손으로 누른다. 마지막으로
한 번 더 무스를 짜낸 뒤
팔레트로 평평하게 다듬어
냉장고에 넣는다.

11 그라사주를 만든다. 중탕
상태로 녹인 초콜릿에
생크림 · 우유 · 나파주 · 물엿을
끓여 붓고 공기가 들어가지
않도록 가만히 섞어 체에 걸러
식혀 둔다.

12 세르클 틀을 제거한 ⑩에
⑪의 그라사주를 한 번에 붓고
팔레트로 표면을 고르게
정리한다. 아몬드를 붙이고
화이트 초콜릿을 코르네(98쪽
참조)에 채워 무늬를 넣어
완성한다.

가토 오페라
GATEAU OPERA

흡수성이 좋은 조콩드 반죽. 커피 향 시럽을 충분히 배게 하는 것이 맛의 비결이다.

재료 (8인분)

비스퀴 조콩드
아몬드 파우더 100g
슈거 파우더 100g
박력분 30g
달걀 3개
달걀흰자 100g
버터 20g
설탕 20g

가나슈
초콜릿 75g
우유 35cc
생크림 35cc

크렘 오 뵈르
달걀노른자 3개분
설탕 100g
물 30cc
버터 160g
커피 에센스 약간

시럽
설탕 60g
물 200cc
인스턴트 커피 1큰술

데커레이션
파트 아 글라세 적당량

finition:
· 파트 아 글라세(21쪽 참조)를 위에서 한 번에 붓고 팔레트로 다듬어 표면을 고르게 한다. 파트 아 글라세가 응고되면 네 변을 깨끗하게 잘라 내 표면에 'Opera'라는 문자를 써 넣어 마무리한다.

commentaires:
· 시럽 만드는 법
냄비에 물, 설탕을 넣고 가열해 끓어오르면 불을 끄고 인스턴트 커피를 넣어 녹인다. 체로 걸러 볼에 옮겨 식힌다.

1 비스퀴 조콩드를 만든다. 섞어서 체에 내린 슈거 파우더, 아몬드 파우더, 박력분에 절반 분량의 달걀을 넣고 섞는다. 나머지 달걀을 여러 번에 나눠 넣고 반죽에 크림색이 날 때까지 젓는다.

2 버터를 녹이고 ①의 소량을 넣어 섞어 둔다.

3 달걀흰자에 설탕을 두세 번에 나눠 넣으면서 거품 내고 ①과 잘 섞는다. 마지막으로 ②를 넣고 섞는다.

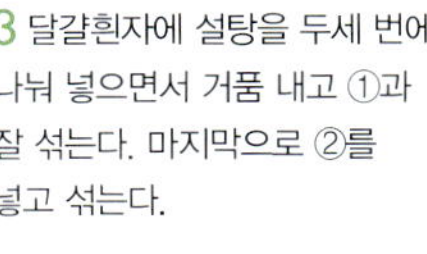

4 오븐 팬에 유산지를 깔고 ③의 반죽을 중앙에 흘려 부은 다음 L자형 팔레트로 바깥쪽으로 넓게 편다. 오븐 팬 가장자리에 붙은 반죽을 손가락으로 닦아 깨끗하게 한 뒤 200℃ 오븐에 10분 정도 굽는다.

5 가나슈를 만든다. 중탕해 녹인 초콜릿에 팔팔 끓인 우유와 생크림을 조금씩 넣고 마요네즈 상태로 매끄럽게 만든다.

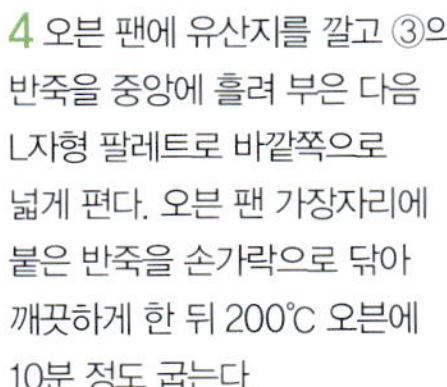

6 크렘 오 뵈르를 만든다. 설탕과 물을 섞어 프티 불레(94쪽 참조) 상태까지 끓여 달걀노른자에 조금씩 넣으면서 크림색이 되고 식을 때까지 계속 젓는다.

7 포마드 상태로 만들어 둔 버터를 두 번에 나눠 ⑥에 넣고 매끄러운 상태가 될 때까지 섞는다. 마무리로 커피 에센스를 넣는다.

8 조콩드 시트 가장자리를 잘라 버리고 가로세로로 각각 2등분한다. 오븐 팬에 유산지를 깔고 구운 면을 밑으로 오게 시트 1장을 놓고 시럽을 듬뿍 바른다.

9 ⑦의 크렘 오 뵈르 ⅓ 분량을 발라 팔레트로 평평하게 정리한다. 팔레트를 약간 달궈 두면 크림을 펴기 쉽다.

10 2장째 시트도 구운 면을 밑으로 오게 ⑨ 위에 얹는다. 비어져 나온 크림을 제거하고 위에 망을 얹어 시트를 밀착시킨다.

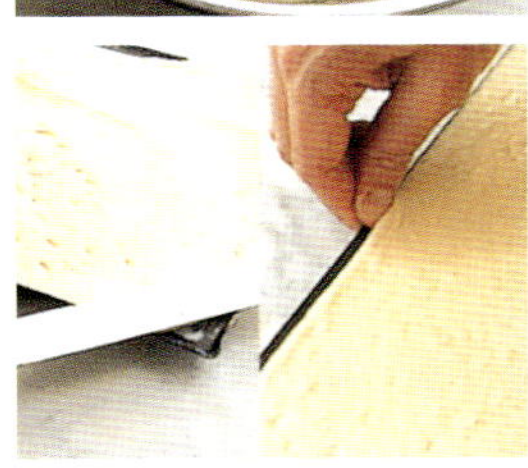

11 다시 시럽을 듬뿍 바르고 ⑤의 가나슈를 바른다. 3장째 시트도 구운 면을 밑으로 놓고 시럽을 듬뿍 바른다. 다시 크렘 오 뵈르 ⅓ 분량을 발라 팔레트로 평평하게 정리한다.

12 구운 면을 밑으로 오게 4장째 시트를 ⑪ 위에 얹고 시럽을 충분히 바른다. 남은 크렘 오 뵈르 ⅓을 두 번에 나눠 표면에 바르는데 한 번 바른 다음 냉장고에 넣었다가 다시 바른다.

POMME CALVADOS
사과 무스 앙트르메

VAL DE LOIRE
프랑부아즈 무스 앙트르메

사과 무스 앙트르메
POMME CALVADOS

이탈리안 머랭으로 가볍게 마무리한 사과 무스가 상큼한 맛을 더해 준다. 푸른 사과와 카시스의 조화도 돋보인다.

재료 (8인분)

지름 18×높이 4.5cm의 세르클 틀
1개분

무스 오 폼
푸른 사과 퓌레 250g
판 젤라틴 10g
칼바도스 25cc

이탈리안 머랭
- 달걀흰자 30g
- 설탕 60g
- 물 20cc

생크림 170cc

비스퀴 조콩드
아몬드 파우더 90g
슈거 파우더 90g
박력분 25g,
달걀 3개, 달걀흰자 3개분
설탕 · 버터 15g씩

시럽
설탕 80g, 물 100cc
칼바도스 20g

가르니튀르
붉은 열매가 든 잼 50g
카시스 알맹이 60g

파트 아 시가레트
버터 · 슈거 파우더 20g씩
달걀흰자 20g
박력분 18g
코코아 파우더 4g

데커레이션
사과 1개, 카시스 홀 약간
그라사주 약간

finition:
세르클 틀을 낀 채로 그라사주를
표면에 흘려 부어 팔레트로 정리한다.
얇게 썬 사과를 겹쳐 가지런히 놓고
카시스를 얹는다. 과일에도 붓으로
그라사주를 바른다.

1 파트 아 시가레트를 만든다.
포마드 상태로 만든 버터에
체에 친 슈거 파우더를 넣고
섞는다.

2 달걀흰자를 조금씩 넣으며 잘
섞는다. 섞어서 체에 내린
박력분과 코코아 파우더를 넣고
매끄러워질 때까지 섞는다.

3 실리콘 가공 시트 한쪽에
②의 반죽을 10cm 폭의 길쭉한
직사각형으로 바른다. 표면에
스푼 등으로 무늬를 넣어
냉장고에 넣는다.

4 비스퀴 조콩드 시트를 만든다
(59쪽 참조). ③의 시트 전체에
조콩드 반죽을 붓고 팔레트로
평평하게 다듬는다. 가장자리를
손으로 닦아 깨끗하게 한 다음
180℃ 오븐에 10~15분간
굽는다.

5 무스 오 폼을 만든다. 냄비에
푸른 사과 퓌레 1/3 분량을 넣고
끓인 다음 물에 불린 젤라틴을
넣는다. 남은 퓌레를 넣고 볼에
옮겨 칼바도스를 넣어 얼음물에
식힌다.

6 이탈리안 머랭을 만들어
(95쪽 참조) 거품 낸 생크림을
두 번에 나눠 넣는다.
마지막으로 ⑤와 섞는다.

7 열이 식은 ④의 시트를
실리콘 가공 시트에서 분리하고
무늬를 넣은 시가레트 시트를
3.5cm 폭의 긴 직사각형
2장으로 자른다. 셀로판을 끼운
지름 18cm의 세르클 틀 측면에
붙여 넣는다.

8 남은 조콩드 시트는 지름
17cm의 틀로 2장 찍어 낸다.
구운 면을 밑으로 해 ⑦의
세르클 틀 바닥에 시트 1장을
넣는다.

9 바닥과 측면 시트에
칼바도스를 넣은 시럽을 바른다.

10 지름 1cm의 깍지를 끼운
짜주머니에 ⑥의 무스 오 폼을
채워 바닥 시트의 중앙에서
나선형으로 틀 높이의 1/2까지
짠다.

11 잼을 묻힌 카시스 알맹이를
빙 둘러 무스 위에 얹는다.
위에서 한 번 더 무스를 짜내어
스푼으로 평평하게 다듬어 준다.
구운 면을 밑으로 해서 다른 한
장의 시트를 얹고 시럽을
바른다.

12 무스를 다시 위에 짜내고
팔레트로 평평하게 한 다음
냉장고에 넣어 응고시킨다.

프랑부아즈 무스 앙트르메
VAL DE LOIRE

루아르 지방에서 많이 나는 프랑부아즈를 듬뿍 사용한, 자그맣고 귀여운 느낌의 앙트르메이다.

재료(8인분)
지름 18×높이 4.5cm의 세르클
틀 1개분

다쿠아즈 다망드
아몬드 파우더 60g
슈거 파우더 60g
박력분 15g
달걀흰자 100g
설탕 30g

시럽
프랑부아즈 퓌레 100g
프랑부아즈 브랜디 40cc
보메 30도 시럽(71쪽 참조) 40cc

무스 프랑부아즈
프랑부아즈 퓌레 200g
설탕 60g
판 젤라틴 12g
생크림 300cc
레몬즙 1/4개분

크렘 샹티이(26쪽 참조)
생크림 300cc
슈거 파우더 30g

가르니튀르
프랑부아즈 60g

데커레이션
프랑부아즈 약간
민트 잎 약간
그라사주 약간

commentaires:
그라사주
펙틴이 많은 과일(사과 등)의
과즙과 설탕을 넣고 끓여 딱딱한
젤리 상태로 만든 것(시판품)에
물엿과 물을 넣어 부드러운 액체
상태로 만든 마무리용 젤리.
앙트르메 과자의 표면이나 장식한
과일의 윤기를 내는 데 사용한다.

1 다쿠아즈 다망드 반죽을
만들어(51쪽 참조) 지름 1cm의
깍지를 끼운 짜주머니에 넣는다.
오븐 팬에 지름 16cm의 나선형
시트를 2장 만들어 슈거 파우더
(분량 외)를 전체에 뿌린 다음
180℃ 오븐에 굽는다.

2 다른 오븐 팬 2/3 정도에
샐러드 오일(분량 외)을 얇게
발라 랩을 단단히 붙인다. 크렘
샹티이를 조금 부어 펴고 빗
모양의 카드로 줄무늬를 넣는다.

3 셀로판에도 크렘 샹티이를
붓고 ②와 마찬가지로 줄무늬를
넣는다. 지름 18cm의 세르클 틀
안쪽에 이 셀로판을 붙여
넣는다.

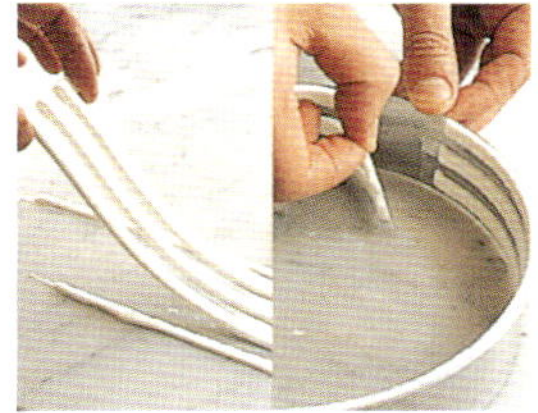

4 ② 위에 ③의 세르클 틀을
얹어 냉동실에 넣는다.

5 무스를 만든다. 냄비에
1/3 분량의 프랑부아즈 퓌레,
설탕을 넣고 끓인다. 불을 끄고
물에 불린 젤라틴을 넣어 녹인
다음 나머지 2/3 분량의 퓌레를
넣고 볼에 옮긴다.

6 ⑤에 레몬즙을 넣어 섞는다.
얼음물에 담가 오일 정도의
농도가 되면 60% 휘핑한
생크림 1/3 분량과 섞는다. 다시
남은 생크림을 넣고 가볍게
젓는다.

7 다쿠아즈를 지름 16cm의
세르클 틀로 찍어 내고 구운
면과 반대쪽 면에 프랑부아즈
시럽을 바른다.

8 ④의 틀에 무스를 틀 높이의
1/3까지 짜낸다. 세르클 틀을
들어냈을 때 주위에 틈이
생기지 않도록 스푼으로 무스를
틀 내부의 벽까지 펴 바른다.

9 ⑦의 시트 한 장을 구운 면이
위로 오게 ⑧ 위에 얹어 시럽을
바른다. 다시 무스를 짜낸다.
가장자리에 빙 둘러 무스를 짠
다음 다시 중앙에서 나선형으로
짜낸다.

10 ⑧과 같은 방법으로 작업해
스푼으로 무스를 넓게 편다.
짜낸 무스 위에 프랑부아즈를
원형으로 늘어놓는다.

11 2장째 다쿠아즈 시트의 구운
면을 밑으로 놓고 ⑩ 위에
얹는다. 받침 종이를 씌워
냉동실에 넣는다.

12 무스가 굳어지면 뒤집어
표면의 랩을 벗겨 낸다. 위에서
그라사주를 붓고 프랑부아즈와
민트 잎을 장식한다.

SYMPHONIE
초콜릿 무스와 화이트 무스 앙트르메

CHARLOTTE AUX FRAISES
딸기 샤를로트

초콜릿 무스와 화이트 무스 앙트르메
SYMPHONIE

고전적인 앙트르메 중의 하나. 프랑스 베이커리에서 자주 볼 수 있는 과자이다.

재료 (8인분)
18×18cm의 카드르 틀 1개분

비스퀴 조콩드
아몬드 파우더 100g
슈거 파우더 100g
박력분 30g
달걀 3개
달걀흰자 100g
버터 20g
설탕 20g

무스 오 쇼콜라
초콜릿(세미스위트) 120g
카카오 마스 30g
우유 80cc
생크림 360cc

무스 블랑슈
파트 아 봉브 150g
판 젤라틴 9g
생크림 220cc

파트 아 봉브
설탕 100g
물 30cc
달걀노른자 6개분

마무리 재료
파트 아 봉브 100g
설탕 30g
슈거 파우더 30g
그라사주 적당량(63쪽 참조)

1 비스퀴 조콩드를 만든다
(59쪽 참조). 열이 식으면
18×18cm 크기의 카드르 틀
(사각 틀)로 2장 찍어 낸다.

2 무스 오 쇼콜라를 만든다.
녹인 초콜릿과 카카오 마스에
팔팔 끓인 우유를 조금씩
넣으며 섞은 다음 열을 식힌다.

3 생크림은 60% 정도 휘핑해
소량을 ②와 섞은 다음 다시
남은 크림을 넣고 가볍게
섞는다.

4 무스 블랑슈를 만든다. 물에
불린 젤라틴을 중탕 상태로
녹이고 생크림을 거품 내어
소량 넣어 둔다.

5 파트 아 봉브(59쪽 '가토
오페라'의 과정 ⑥ 참조)를
만들고 150g을 계량해
(나머지는 마무리용으로
사용한다) ④를 넣어 섞는다.

6 거품 낸 나머지 생크림을
여러 번에 나눠 ⑤에 넣고 잘
섞는다.

7 오븐 팬 위에 받침 종이,
카드르 틀 순으로 놓고 조콩드
시트를 1장 깐다. 지름 1cm의
깍지를 끼운 짜주머니에 ③의
무스 오 쇼콜라를 채워 틀
높이의 ½ 정도까지 짜낸다.

8 카드르로 표면을 평평하게
정리하여 10~15분 정도
냉장고에 넣어 둔다.

9 ⑧의 무스가 응고되면 위에
⑦과 같은 방법으로 작업해
⑥의 무스 블랑슈를 채운 뒤
표면을 평평하게 정리한다.

10 2장째 조콩드 시트를
구운 면을 밑으로 오게 얹는다.
표면에 남은 파트 아 봉브를
부어 골고루 편다.

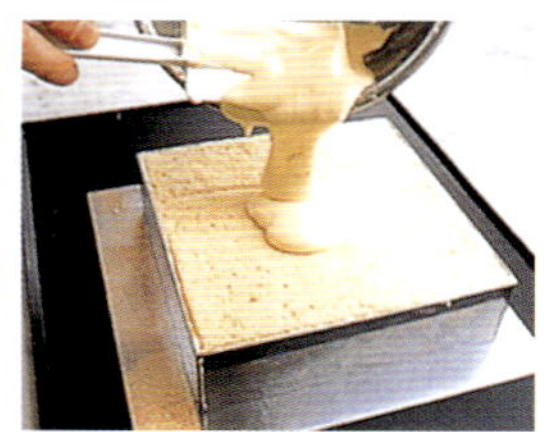

11 표면에 설탕을 뿌리고
토치로 구운 다음 슈거
파우더를 뿌리고 다시 토치로
굽는다.

12 ⑪에 그라사주를 바르고
팔레트로 펴 윤기를 낸다.
카드르 틀을 들어내고 사방을
잘라 낸 뒤 단면을 깨끗하게
정리한다.

딸기 샤를로트
CHARLOTTE AUX FRAISES

피스타치오 풍미의 단단한 조콩드 반죽과 상큼한 딸기 무스의 신선한 조화.

재료(8인분)

16×6cm의 세르클 틀 1개분

비스퀴 조콩드 피스타쉬

아몬드 파우더 100g
슈거 파우더 100g
박력분 30g
달걀 3개
달걀흰자 100g
버터 20g
설탕 20g
피스타치오 페이스트 적당량

딸기잼 250g

비스퀴 아 라 퀴이예르

달걀노른자 2개분
달걀흰자 2개분
설탕 50g
박력분 50g
아몬드 파우더 20g

시럽

보메 30도 시럽 20cc
딸기 리큐르 20cc

무스 프레즈

딸기 퓌레 140g
판 젤라틴 9g
설탕 30g
생크림 200cc
레몬즙 약간

이탈리안 머랭

달걀흰자 20g
설탕 40g
물 25cc

딸기 250g
그로제유(구즈베리와 비슷한 붉은
낙엽 관목)의 퓌레 적당량

---

1 비스퀴 조콩드 피스타쉬를 만든다(59쪽 참조, 피스타치오 페이스트는 달걀과 파우더류를 섞은 다음에 넣는다). 180℃ 오븐에 구워 식힘망에 옮겨 식힌다.

2 비스퀴 아 라 퀴이예르를 만든다(55쪽 참조, 아몬드 파우더는 박력분과 섞어 체에 내린다). 지름 0.5cm 깍지를 끼운 짜주머니에 넣고 나선형으로 짜내 지름 16cm 시트 2장을 만든다. 슈거 파우더(분량 외)를 뿌려 오븐에 넣는다.

3 ①의 시트를 8cm 폭으로 잘라 긴 직사각형으로 6장 만든다. 오븐 팬에 유산지를 깔고 구운 면을 밑으로 놓고 시트를 1장 얹은 후 딸기잼을 바른다. 이 작업을 반복해 망으로 단단히 눌러 냉장고에 2시간 넣어 둔다.

4 무스 프레즈를 만든다. 냄비에 1/3 분량의 퓌레와 설탕을 넣어 끓인다. 불을 끄고 물에 불린 젤라틴을 넣고 녹인다. 나머지 ²/₃ 분량의 퓌레와 레몬즙을 섞어 볼째 얼음물에 담가 식힌다.

5 이탈리안 머랭을 만든다(95쪽 참조). 60% 휘핑한 생크림 소량과 섞은 다음 나머지 생크림도 넣는다.

6 ④가 오일 정도의 농도가 되면 ⑤의 소량을 넣고 거품기로 잘 젓는다. 다시 나머지 ⑤와 섞어 가볍게 젓는다.

---

7 칼을 젖은 면보로 닦은 다음 ③의 양쪽 면을 똑바로 약간 잘라 버리고 0.8cm 폭으로 슬라이스한다.

8 오븐 팬에 받침 종이를 깔고 지름 16×6cm의 세르클 틀을 얹어 ⑦을 틀 안쪽에 빙 둘러 세운다.

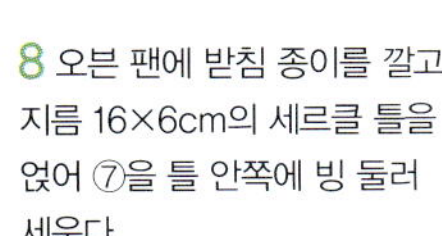

9 세르클 틀 높이에 맞춰 ⑧의 윗부분을 잘라 낸다.

10 ②의 비스퀴 시트의 가장자리를 조금 잘라 버리고 표면에 시럽을 바른다. 구운 면을 밑으로 놓고 ⑨의 틀 바닥에 깐다. 무스 프레즈를 국자로 틀 높이의 1/2 정도까지 떠 넣는다.

11 다른 한 장의 비스퀴 시트의 가장자리도 조금 잘라 낸 뒤 구운 면을 밑으로 놓고 ⑩ 위에 얹어 시럽을 바른다.

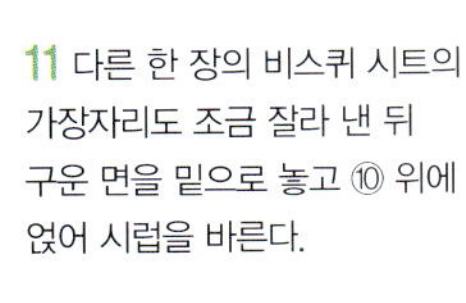

12 틀 높이의 1cm 정도를 남기고 나머지 무스를 채워 스푼으로 평평하게 다듬은 뒤 냉장고에 넣는다. 딸기는 씻어 수분을 제거하고 꼭지를 딴다. 세로로 2등분 해 ⑪ 표면에 빽빽이 얹은 다음 그로제유 퓌레를 끼얹는다.

FRAISIER
이탈리안 머랭을 넣은 버터 크림과 딸기 앙트르메

PRINTANIER
프로마주 블랑 무스와 프레시 프루츠 앙트르메

이탈리안 머랭을 넣은 버터 크림과 딸기 앙트르메

FRAISIER

예쁘게 완성하려면 딸기 표면적을 가능한 한 크게 하는 것이 효과적이다.

재료 (8인분)

18×18cm의 카드르 틀 1개분

제누아즈
달걀 4개
설탕 120g
박력분 120g
버터 20g

시럽
설탕 100g
물 140cc
키르슈 30cc
프랑부아즈 브랜디 30cc

크렘 오 뵈르
우유 80cc
설탕 85g
달걀노른자 2개분
버터 250g
바닐라 빈 1/4개

이탈리안 머랭
설탕 100g
달걀흰자 50g
물 30cc

가르니튀르
딸기(큰 것) 적당량

데커레이션
마스팽 적당량
코코아 페이스트 적당량

commentaires:

완성 후에도 딸기가 과자에서
떨어지지 않도록 꼭지는 약간
깊이 자르는 것이 좋다.

1 제누아즈 시트를 만든다
(50쪽 참조). 오븐 팬에
유산지를 깔고 카드르 틀을
얹고 반죽을 부어 넣은 다음
180℃ 오븐에 굽는다. 다
구워지면 식힘망 위에 놓아
식힌다.

2 ①의 유산지를 떼고 나이프를
넣어 시트를 틀에서 빼내 구운
면을 잘라 낸 다음 1cm 두께로
2장 잘라 놓는다. 유산지 위에
카드르 틀을 얹고 시럽을 바른
1장의 시트를 틀에 넣는다.

3 크렘 오 뵈르(59쪽 참조)와
이탈리안 머랭(95쪽 참조)을
만들어 섞는다.

4 ③을 지름 1cm의 깍지를
끼운 짜주머니에 채워 ② 안의
가장자리 네 변과 가운데에
짜낸다.

5 카드로 표면을 평평하게
정리한다.

6 딸기는 씻어 수분을 제거하고
꼭지를 칼로 잘라 버린다. ⑤의
크림 위에 가지런히 늘어
놓는다.

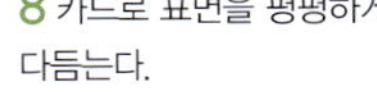

7 짜주머니에 넣은 ④의 크림을
가장자리에서 안쪽으로, 딸기의
사이를 메우면서 짜낸다.

8 카드로 표면을 평평하게
다듬는다.

9 다른 1장의 시트에 시럽을
발라 그 면을 밑으로 오게 ⑧
위에 얹어 가볍게 누른 다음
그 위에 다시 시럽을 발라
냉장고에 넣는다.

10 ⑨의 표면에 남은 크림을
바르고 팔레트로 평평하게
정리한다.

11 작업대에 슈거 파우더(분량
외)를 뿌리고 마지팬을 밀대로
편다. 홈이 파인 롤러로 표면을
밀어 18cm의 카드르 틀로 찍어
낸 뒤 붓으로 여분의 슈거
파우더를 떨어내고 토치로 구워
⑩에 얹는다.

12 칼을 버너에 달궈 ⑩의
측면을 깨끗하게 잘라 낸다.
코코아 페이스트를 코르네에
채워(98쪽 참조) ⑪ 표면에
'Fraisier' 라는 문자를
장식한다.

프로마주 블랑 무스와 프레시 프루츠 앙트르메
PRINTANIER

프로마주 블랑에 넣은 약간의 소금이 치즈의 풍미를 더욱 살려 준다.

재료 (8인분)

18×4.5cm의 세르클 틀 1개분

제누아즈

달걀 3개
설탕 100g
박력분 100g
버터 20g

시럽

보메 30도 시럽 100cc
키르슈 50cc

무스 프로마주

프로마주 블랑 220g
소금 약간
판 젤라틴 9g
생크림 250cc

파트 아 봉브

물 20cc
설탕 70g
달걀노른자 2개분

크렘 샹티이 (26쪽 참조)

생크림 400cc
슈거 파우더 40g

신선한 제철 과일 적당량
초콜릿 (세미스위트) 적당량

commentaires:

· 보메 30도 시럽 만드는 법

당도가 30도인 시럽. 130g의 설탕과 100cc의 물을 섞어 팔팔 끓인 다음 식힌다.

---

1 제누아즈 시트를 만든다(50 쪽 참조). 오븐 팬에 유산지를 깔고 지름 18×높이 4.5cm의 세르클 틀을 놓고 반죽을 넣은 다음 180℃ 오븐에 굽는다. 시트가 식으면 가장자리의 딱딱한 부분은 칼로 잘라 낸다.

2 구운 면도 잘라 내고 1cm 두께로 2장 자른다.

3 무스 프로마주를 만든다. 프로마주 블랑에 소금을 넣고 크림 상태를 만든다.

4 물에 불린 젤라틴을 중탕시켜 녹이고 ③을 소량 넣은 다음 남은 ③에 넣고 섞는다.

5 '토 오페라' (59쪽 참조) 과정 ⑥과 같은 방법으로 파트 아 봉브를 만든다. 거품 낸 생크림 소량을 파트 아 봉브와 잘 섞은 다음 나머지 크림에 넣고 가볍게 섞는다.

6 ④에 ⑤를 조금씩 넣으면서 젓는다.

7 받침 종이에 세르클 틀을 놓고 시트 1장에 시럽을 발라 틀 바닥에 깐다. 짜주머니에 ⑥의 무스를 채워 우선 세르클 틀 내부의 가장자리에 짜내 메우고 나머지는 국자로 떠 넣는다.

8 스푼으로 세르클 틀 안쪽 벽까지 크림을 펴준다.

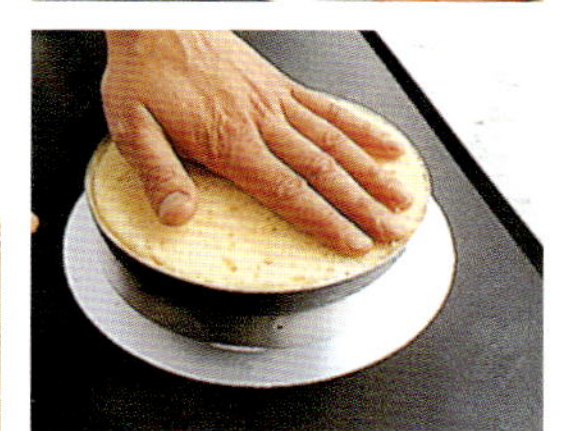

9 2장째 시트에 시럽을 발라 그 면을 밑으로 오게 ⑧ 위에 얹는다. 냉장고에 넣어 무스를 응고시킨다.

10 ⑨를 틀에서 빼내 크렘 샹티이를 표면과 측면에 바른다.

11 생토노레용 깍지를 끼운 짜주머니에 크렘 샹티이를 채워 윗면의 가장자리에 짜낸다.

12 측면에는 톱니형 카드로 모양을 내고 적당한 크기로 자른 과일을 장식한다. 초콜릿을 코르네에 넣어(98쪽 참조) 가장자리에 짜내 장식한다.

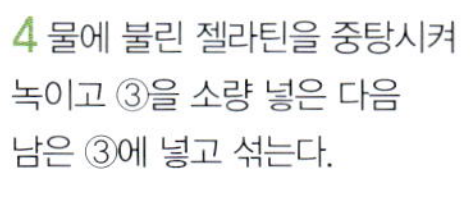
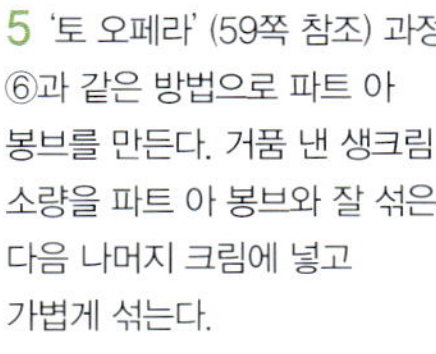

프랑스의 크리스마스 케이크
BUCHE DE NOEL AU CAFE

온 가족이 함께하는 크리스마스 이브. 옛날에는 따뜻하게 불을 지피기 위해 모두 땔감을 가지고 모였다고 한다. 그 모습이 그대로 이 과자에 담겨 있다.

재료 (8인분)

비스퀴 오 카페

달걀 3개
달걀노른자 3개분
설탕 150g
달걀흰자 3개분
박력분 75g
콘스타치 75g
인스턴트 커피 1작은술

크렘 오 뵈르 오 카페

우유 100cc
설탕 80g
달걀노른자 4개분
버터 325g
바닐라 빈 1/4개
커피 에센스 적당량

이탈리안 머랭

달걀흰자 70g
설탕 140g
물 50cc

시럽

설탕 60g
물 200cc
인스턴트 커피 1큰술
코냑 50cc

데커레이션

전나무 초콜릿 적당량
머랭으로 만든 버섯 적당량
슈거 파우더 약간
코코아 파우더 약간

유산지에 초콜릿을 바르고 톱니형 카드로 전나무 모양으로 편다.
(과정 ⑫)

1 비스퀴를 만든다. 달걀·달걀노른자·설탕을 크림 상태가 될 때까지 섞어, 거품 낸 달걀흰자에 그 일부를 넣고 섞는다. 나머지도 넣는다.

2 박력분, 콘스타치, 인스턴트 커피를 섞어 체에 내리고 ①에 넣어 섞는다. 유산지를 깐 깊은 오븐 팬에 넣고 팔레트로 평평하게 다듬어 180℃ 오븐에 15분 정도 굽는다.

3 크렘 오 뵈르를 만든다. 함께 섞은 달걀노른자와 설탕 2/3 분량에 팔팔 끓인 우유 (설탕 1/3 분량, 바닐라 빈을 넣는다)를 섞는다. 냄비에 다시 넣고 약한 불에 올려 거품기로 계속 젓는다.

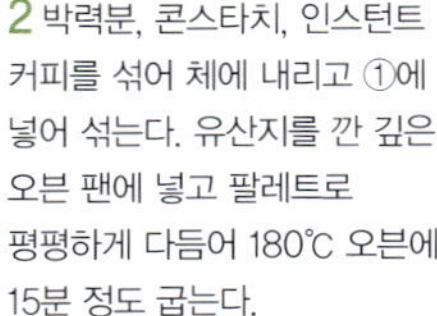

4 되직해지면 체에 거른다. 열이 식으면 포마드 상태의 버터를 조금씩 넣고 멍울이 생기지 않도록 잘 섞는다.

5 이탈리안 머랭을 만들어 (95쪽 참조) ④와 섞은 다음 1/4과 3/4 분량으로 나눈다. 3/4 분량 쪽에 커피 에센스를 넣고 섞는다.

6 유산지에 ②의 시트의 구운 면을 밑으로 놓고 짧은 변을 조금 잘라 버리고 시럽을 바른다. ⑤의 커피 맛 크림 1/2 분량을 팔레트로 펴 바른다.

7 가장자리를 1cm 정도 잘라 시트 위에 얹는다.

8 한쪽 끝부터 말아 준다. 돌돌 만 시트를 유산지로 단단히 말아 이음매를 밑으로 놓고 냉장고에 1시간 넣어 크림을 응고시킨다.

9 ⑧의 양끝을 각각 비스듬히 잘라 롤 위에 얹고 커피 맛 크림을 골고루 바른다.

10 양끝과 위에 얹은 한 조각 롤의 단면 부분에 커피와 바닐라 크림을 교대로 원형으로 짜낸다.

11 남은 커피 맛 크림을 직사각형의 깍지를 끼운 짜주머니에 채워 전체적으로 짜낸다. 포크를 끓는 물에 적셔 표면에 나무 껍질 무늬를 만든다. 냉장고에 넣어 크림을 응고시킨다.

12 칼을 끓는 물에 담가 ⑪의 단면 부분의 크림을 조금 잘라 내어 평평하게 만든다. 초콜릿으로 만든 전나무와 머랭으로 만든 버섯(95쪽 참조)을 장식하고 슈거 파우더와 코코아 파우더를 뿌린다.

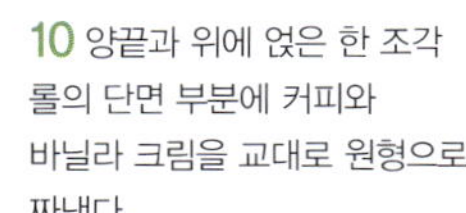

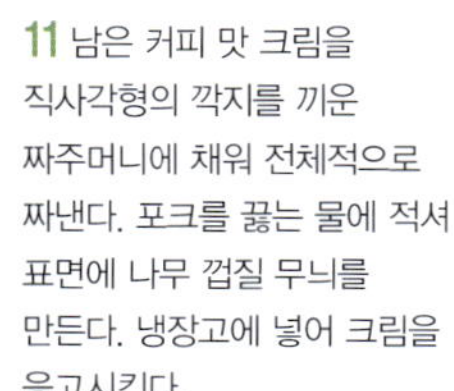

Joyeux
Noël

TARTE CHIBOUST
시부스트 크림을 넣은 타르트

TARTE CHOCOLAT
초콜릿 타르트

시부스트 크림을 넣은 타르트
TARTE CHIBOUST

19세기 파리의 생토노레 거리에 있었던 과자점 '시부스트'. 그곳의 제과인이 생각해 낸 것으로 입 안에서 살살 녹는 크림을 듬뿍 얹은 타르트.

재료(8인분)
지름 20×높이 2cm의 타르트 틀
1개
지름 20×높이 4.5cm의 세르클
틀 1개분

파트 브리제
박력분 200g
버터 150g
물 40cc
소금 약간
설탕 약간

아파레유
우유 90cc
생크림 90cc
설탕 50g
달걀 1개
달걀노른자 2개분
바닐라 슈거 약간

크렘 시부스트
우유 125cc
설탕 30g
달걀노른자 3개분
박력분 15g
판 젤라틴 6g
바닐라 빈 1개

이탈리안 머랭
달걀흰자 3개분
설탕 100g
물 30cc

사과 2개
설탕 2큰술
버터 1큰술
칼바도스 약간

카라멜리제
설탕
슈거 파우더

1 파트 브리제를 만든다(97쪽 참조). 81쪽의 과정 ①~④를 참조해 시트를 성형한 다음 냉장고에서 15분간 휴지시킨다. 77쪽의 과정 ②를 참조해 시트를 굽는다.

2 크렘 시부스트를 만든다. 우선 크렘 파티시에르를 만들어 (105쪽 참조) 불을 끄고 바로 물에 불린 젤라틴을 넣어 섞고 볼에 옮겨 열을 식힌다.

3 이탈리안 머랭을 만든다 (95쪽 참조). ②에 넣고 가볍게 섞는다.

4 오븐 팬에 랩을 깔고 지름 20cm의 세르클 틀을 놓는다. 깍지를 끼우지 않은 짜주머니에 ③의 크림을 넣고 나선형으로 짜낸 표면을 카드로 평평하게 다듬어 냉장고에 넣는다.

5 사과는 껍질을 벗기고 반으로 잘라 중심과 씨를 제거하고 각각 세로로 4등분 한다. 평평한 냄비에 버터를 녹이고 설탕을 넣어 캐러멜을 만든 뒤 사과를 넣고 볶는다.

6 ⑤의 냄비를 계속 움직여 사과가 타지 않도록 하며 살짝 익혀 낸다. 마지막으로 칼바도스로 플랑베한 다음 불을 끄고 바트에 옮겨 식혀 둔다.

7 아파레유를 만든다. 볼에 달걀, 달걀노른자, 바닐라 슈거, 설탕을 넣고 섞는다. 우유와 생크림을 섞어 붓고 잘 저은 다음 체에 거른다.

8 ①의 완전히 구운 시트에 박력분(분량 외)을 넣어 피케한 구멍을 메운다.

9 ⑥의 사과를 빽빽이 얹는다. 사과를 볶을 때 나온 국물과 ⑦의 아파레유를 넣는다.

10 170℃ 오븐에 넣는다. 아파레유 표면이 흔들리지 않으면 완성.

11 다 구워지면 틀에 넣은 채 살짝 열을 식힌 다음 틀에서 빼내 완전히 식힌다. 바트에 식힘망을 얹고 타르트를 놓은 다음 그 위에, 세르클 틀을 뗀 ④의 크렘 시부스트를 얹는다.

12 ⑪의 크림 위에 설탕, 슈거 파우더 순으로 뿌리고 인두로 표면을 카라멜리제한다. 같은 작업을 여러 번 반복한다.

초콜릿 타르트
TARTE CHOCOLAT

시트 안에도 코코아를 넣은, 초콜릿 일색의 고급스러움이 일품인 타르트.

재료(8인분)

지름 20×높이 2cm의 타르트 틀
1개분

파트 쉬크레

박력분 90g
코코아 파우더 5g
버터 50g
슈거 파우더 50g
달걀 1/2개
바닐라 슈거 약간
소금 약간

아파레유

생크림 175cc
블랙 초콜릿 150g
버터 40g
바닐라 빈 1/2개
달걀 1개
달걀노른자 45g

그라사주

파트 아 글라세 150g(21쪽 참조)
블랙 초콜릿 40g
우유 50cc
생크림 50cc
물 25cc
설탕 75g
물엿 25g

데커레이션

초콜릿 100g
금박 약간
슈거 파우더 약간

---

1 파트 쉬크레를 만든다(98쪽 참조). 과정 ①~④를 참조해 시트를 성형한 뒤 15분 정도 냉장고에 넣어 둔다. 시트가 부드러우므로 재빨리 작업한다.

2 유산지를 ①의 시트 위에 깔고 누름돌을 채운다. 180℃ 오븐에 넣고 15분 정도 굽는다. 도중에 시트 가장자리에 엷은 갈색이 나면 누름돌을 꺼낸 다음 다시 오븐에 넣는다.

3 아파레유를 만든다. 중탕 상태로 녹인 초콜릿에 포마드 상태의 버터를 넣어 잘 섞는다.

4 바닐라 빈을 넣고 데워 둔 생크림을 ③에 부어 섞는다.

5 볼에 달걀과 달걀노른자를 섞은 다음 ④를 조금씩 넣어 가며 섞어 준다.

6 남은 ④에 ⑤를 다시 넣고 전체를 골고루 섞는다.

---

7 ②의 바싹 구운 시트에 박력분(분량 외)을 조금 넣고 붓으로 펴 피케한 구멍을 메운다. ⑥의 아파레유를 천천히 흘려 부어 170℃ 오븐에 굽는다.

8 ⑦의 아파레유 표면이 흔들리지 않으면 완성(속은 응고되지 않아 대나무 꼬챙이를 넣으면 크림이 묻어나는 상태). 다 구워지면 식힘망에 얹어 식힌다.

9 그라사주를 만든다. 냄비에 우유, 물, 설탕, 물엿, 생크림을 넣고 불에 올린다.

10 ⑨에 중탕 상태로 녹인 초콜릿과 파트 아 글라세를 천천히 붓는다. 중간 불에 나무 주걱으로 계속 저으면서 끓인 다음 발이 고운 체에 내려 실온에서 식힌다.

11 완전히 식은 ⑧의 표면에 ⑩의 그라사주를 붓는다. 일단 냉장고에 넣고 그라사주가 약간 굳어지면 틀에서 빼낸다.

12 초콜릿의 플라크 쇼드(93쪽 참조)를 참조해 시가레트 모양의 초콜릿을 만든다. 슈거 파우더를 뿌리고 ⑪에 금박과 함께 장식한다.

TARTE AUX FRAISES
딸기 타르트

TARTE AU CITRON
레몬 타르트

딸기 타르트
TARTE AUX FRAISES
봄을 느끼게 하는 타르트. 딸기가 맛있는 계절이 오면 듬뿍 넣어 만들어 보자.

재료 (8인분)
지름 18×높이 2cm의 타르트 틀
1개분

파트 쉬크레
박력분 150g
버터 75g
슈거 파우더 75g
달걀노른자 1개분
물 1큰술
소금 약간
바닐라 슈거 약간

크렘 다망드
아몬드 파우더 50g
슈거 파우더 50g
버터 50g
달걀 1개
박력분 10g

시럽
보메 30도 시럽(71쪽 참조) 30cc
키르슈 30cc
물 10cc

가르니튀르
딸기(작은 것) 500g
딸기잼 적당량
슈거 파우더 적당량

1 파트 쉬크레를 만든다(98쪽 참조). 작업대에 밀가루(분량 외)를 뿌리고 밀대를 사용해 0.3cm 두께로 민다.

2 ①의 시트에 타르트 틀을 얹고 여분의 시트는 잘라 버린다.

3 버터(분량 외)를 얇게 바른 타르트 틀에 시트를 씌운다.

4 틀 바닥과 측면에 시트를 밀착시켜 성형한다.

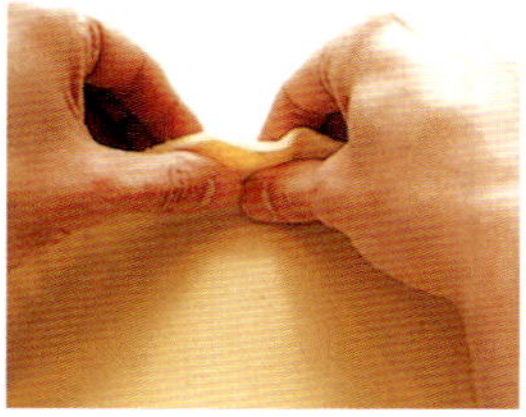

5 틀 위에서 밀대를 굴려 여분의 시트를 잘라 낸다.

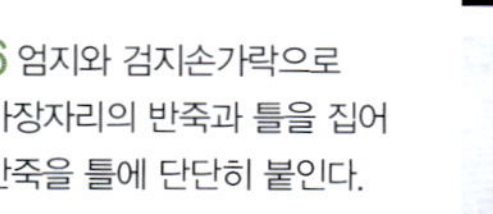

6 엄지와 검지손가락으로 가장자리의 반죽과 틀을 집어 반죽을 틀에 단단히 붙인다.

7 포크로 시트 전체를 피케해 냉장고에 15분 정도 넣어 둔다.

8 크렘 다망드를 만든다(104쪽 참조). 지름 1cm의 깍지를 끼운 짜주머니에 넣고 ⑦에 짜낸 다음 카드로 표면을 평평하게 정리한다. 180℃ 오븐에 넣어 굽는다.

9 크렘 다망드, 시트 가장자리, 측면, 바닥에 골고루 엷은 갈색이 나면 완성. 틀에서 빼낸 뒤 식힘망 위에 얹어 완전히 식힌다.

10 시럽 재료를 섞어 식혀 둔 ⑨의 크렘 다망드 부분에 듬뿍 바른다.

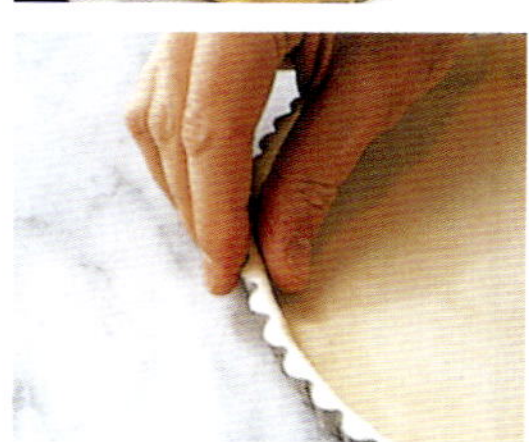

11 시럽이 스며든 윗면에 붓으로 딸기잼을 얇게 바른다.

12 딸기를 씻어 수분을 제거하고 꼭지를 따 ⑪의 가장자리부터 빙 둘러 채워 넣는다. 딸기 표면에도 잼을 얇게 바르고 가장자리에 슈거 파우더를 뿌려 완성한다.

레몬 타르트
TARTE AU CITRON

새콤한 레몬 크림과 위에 얹은 달콤한 머랭이 조화를 이룬 타르트이다.

재료 (8인분)

지름 20×높이 2cm의 타르트용
세르클 틀 1개분

파트 브리제
박력분 200g
버터 100g
달걀 1개
설탕 20g
소금 약간
물 2큰술

아파레유
달걀 4개
설탕 150g
버터 80g
레몬즙 100cc
레몬 껍질 간 것 1개분

이탈리안 머랭
달걀흰자 3개분
설탕 160g
물 50cc

시트롱 콩피
레몬 1개
물 150cc
설탕 50g

1 파트 브리제를 만든다(97쪽 참조). 작업대에 밀가루(분량 외)를 뿌리고 밀대를 사용해 0.3cm 두께로 밀어 세르클 틀에 씌운다.

2 시트를 손으로 누르듯 하며 세르클 틀 내부에 밀착시켜 깐다.

3 가장자리를 1cm 폭으로 두껍게 만든다. 밀대를 굴려 여분의 시트를 잘라 낸다.

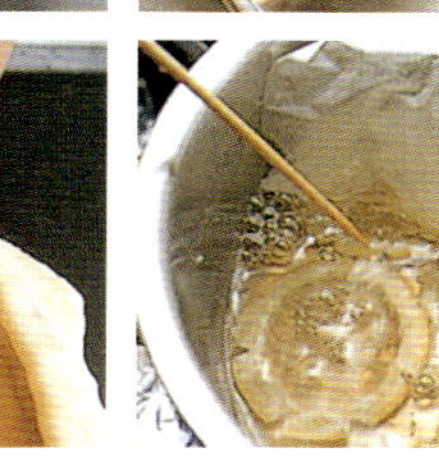

4 엄지손가락으로 가장자리의 시트를 틀에 눌러 시트를 틀의 높이보다 약간 높게 만든다. 시트가 부드러워진 경우는 15분 정도 냉장고에서 휴지시킨다.

5 파이 집게(팽스 아 타르트)로 시트 가장자리에 모양을 넣는다. 유산지를 시트 위에 깔고 누름돌을 채워 180℃ 오븐에 20분 정도 굽는다.

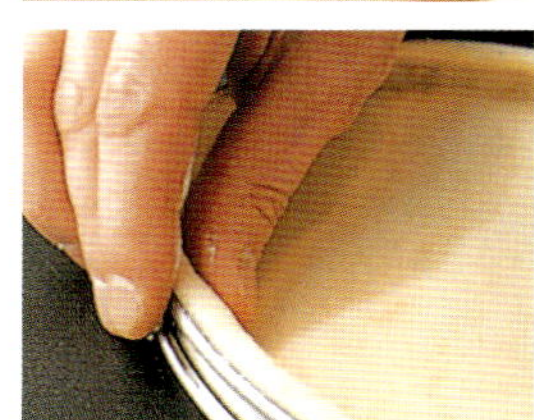

6 누름돌과 유산지를 꺼내고 시트 표면에 달걀노른자(분량 외)를 발라 다시 오븐에 5분간 굽는다. 다 구워지면 식힘망에 얹어 식힌다.

7 아파레유를 만든다. 냄비에 레몬즙, 버터, 레몬 껍질을 넣어 불에 올리고, 끓어오르면 섞어 놓은 달걀과 설탕에 부어 섞는다.

8 ⑦을 체에 내려 냄비에 넣고 중간 불에 다시 끓이며 거품기로 계속 젓는다. 농도가 진해지면 체에 걸러 바트에 옮기고 랩을 씌워 식힌다.

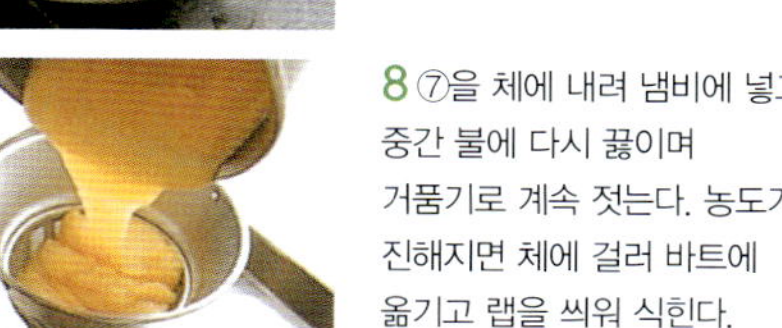

9 콩피를 만든다. 필러로 레몬 껍질에 장식용 홈을 내고 얇게 슬라이스한 다음 물과 함께 냄비에 넣고 뚜껑을 덮어 약한 불에 끓인다. 한소끔 끓여 설탕을 넣고 흰 부분이 반투명해지면 체에 걸러 수분을 제거한다.

10 지름 1cm의 깍지를 끼운 짜주머니에 ⑧의 아파레유를 채워 바싹 구운 시트 안에 3/4의 높이까지 짜낸다. 팔레트로 평평하게 다듬는다.

11 이탈리안 머랭을 만든다 (95쪽 참조). 별모양의 깍지를 끼운 짜주머니에 넣어 ⑩의 중앙에서 나선형으로 짜낸다.

12 ⑪에 ⑨의 레몬을 얹어 가볍게 누른 다음, 토치로 머랭에 엷은 갈색이 나게 굽는다.

CHAUSSON NAPOLITAIN
나폴리식의 쇼송

JALOUSIES
사과를 넣은 파이, 잘루지

나폴리식의 쇼송
CHAUSSON NAPOLITAIN

바삭바삭한 파이를 한입 깨물면 진하고 부드러운 크림이 입 안을 가득 채운다. 갓 구워 낸 과자는 크림이 아직 뜨거우므로 입을 데지 않도록 조심해야 할 듯.

재료(8인분)

푀이타주 앵베르세
박력분 150g
강력분 150g
소금 5g
물 180cc
버터 30g
슈거 파우더 10g

버터 300g
강력분 100g

크렘 쇼송
우유 250cc
바닐라 빈 1/4개
달걀노른자 3개분
설탕 70g
콘스타치 25g
럼주에 절인 건포도 70g

버터(포마드 상태) 30g
설탕 적당량
달걀물 적당량

commentaires:
나폴리식의 쇼송을 만들 때 마지막 단계에서 4겹 접기를 하지 않는 것은 시트를 돌돌 말아 성형하기(과정 ⑥) 때문. 이 단계에서 4겹 접기는 완료된다.

1 크렘 쇼송을 만든다. 우유, 설탕, 바닐라 빈을 냄비에 넣어 불에 올린다. 끓어오르면 나머지 설탕, 달걀노른자, 콘스타치를 넣은 볼에 두 번에 나눠 넣고 섞는다.

2 체에 내려 다시 냄비에 넣고 불에 올린다. 거품기로 계속 저으면서 중간 불에 전체적으로 되직해질 때까지 끓인다.

3 바트에 옮기고 랩을 밀착시켜 씌워 식힌다. 완전히 식으면 볼에 옮겨 거품기로 섞고 럼주에 절인 건포도를 넣는다.

4 푀이타주 앵베르세(102쪽 참조)의 과정 ①~㉑ 작업을 해 휴지시킨 시트를 50×30cm 크기로 밀어 짧은 변의 양끝을 잘라 낸다.

5 밀가루(분량 외)를 뿌린 오븐 팬에 ④의 시트를 놓고 부드러운 포마드 상태의 버터를 표면에 얇게 발라(짧은 변의 한쪽 2cm 정도는 남겨 둔다) 냉장고에 넣는다.

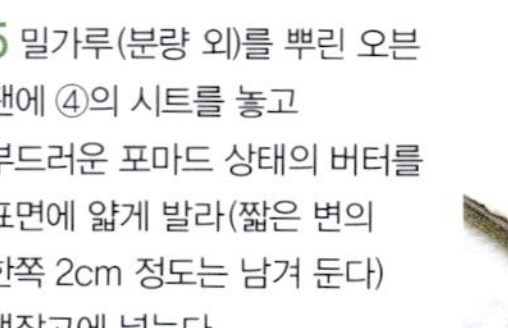

6 버터가 손에 묻지 않을 정도로 굳으면 버터를 바른 짧은 면부터 돌돌 말아 준다. 냉동실에서 시트를 약간 딱딱하게 만든다.

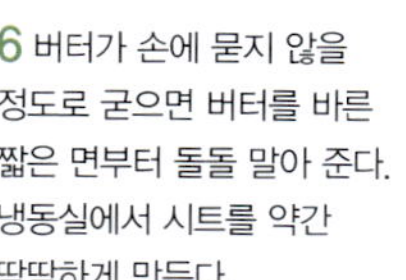

7 양끝을 잘라 내고 2.5cm 폭으로 자른다.

8 말아 놓은 끝부분을 나선형으로 만 단면의 중앙에 손가락으로 눌러 붙인 다음, 오븐 팬에 놓고 냉장고에서 15분 정도 휴지시킨다.

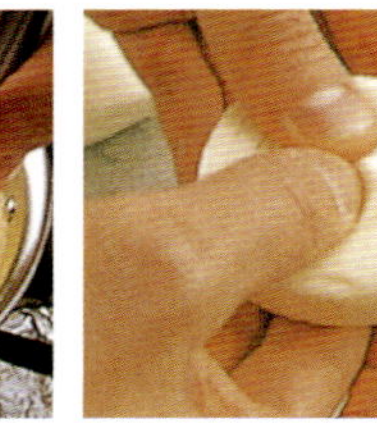

9 작업대에 밀가루(분량 외)를 뿌리고 ⑧의 반죽을 하나씩 손바닥으로 누른다. 약 12cm 길이의 타원형으로 늘리고 설탕을 뿌린 작업대에 늘어놓는다.

10 시트 가장자리의 반원 부분에 달걀물을 바른다. 시트 중앙에 크렘 쇼송을 얹는다.

11 반죽을 반으로 접어 가장자리를 단단히 눌러 붙인다.

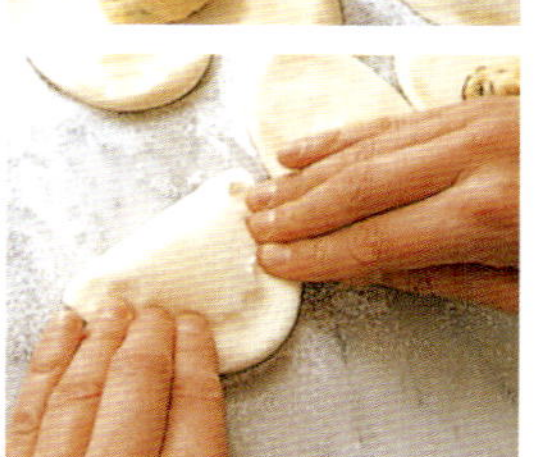

12 표면에 설탕을 뿌려 오븐 팬에 가지런히 늘어놓고 200℃ 오븐에 굽는다. 표면과 뒷면에 깨끗한 엷은 갈색이 나면 완성.

사과를 넣은 파이, 잘루지
JALOUSIES

이름의 유래는 프랑스 집 창에 붙어 있는 밀어 올리는 미늘창. 그것이 아코디언의 주름 상자와 비슷해 이 이름이 붙여졌다고 한다.

재료 (8인분)

푀이타주 앵베르세
박력분 75g
강력분 75g
소금 3g
물 90cc
버터 15g
슈거 파우더 10g

버터 150g
강력분 50g

사과 5개
설탕 80g
버터 80g
레몬즙 1/2개분

나파주 적당량
설탕(제과 장식용) 적당량
달걀물 1개분

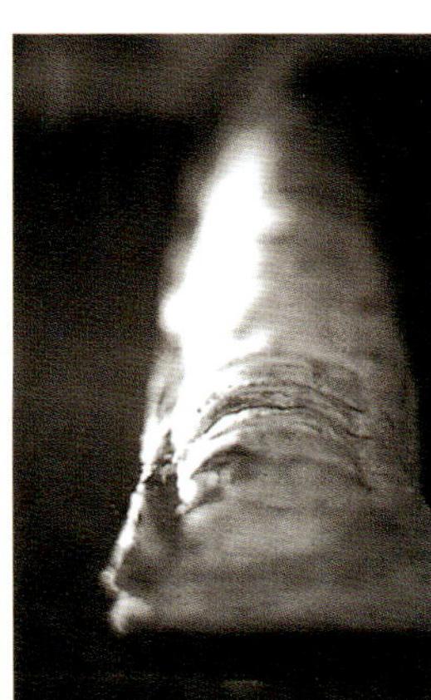

1 사과는 껍질을 벗기고 반으로 잘라 중심과 씨를 제거한다. 세로로 4~5등분 하고 다시 2cm 폭으로 자른다.

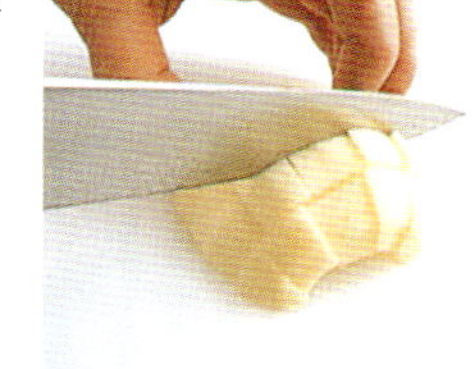

2 평평한 냄비에 버터를 녹이고 설탕을 넣는다. 설탕이 캐러멜 상태가 되면 ①의 사과를 넣고 센 불에 볶는다.

3 색이 나면 레몬즙을 넣는다. 수분이 줄어들어 타기 직전에 물을 조금 붓고 물렁물렁해질 때까지 끓인다. 수분을 완전히 증발시키고 바트에 옮겨 식힌다.

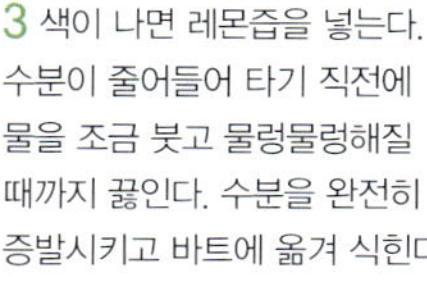

4 푀이타주 앵베르세를 만든다 (102쪽 참조). 작업대에 밀가루 (분량 외)를 뿌리고 반죽을 50×20cm로 편다.

5 일단 시트를 4겹으로 접어 10cm와 9cm 폭으로 나눠 자른다.

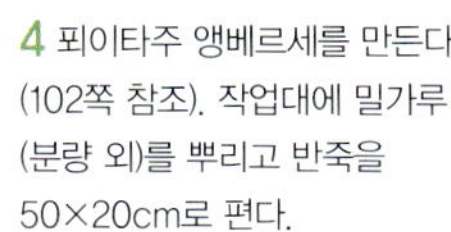

6 오븐 팬에 9cm 폭의 시트를 펼쳐 놓는다. 가장자리에 달걀물을 바르고 중앙에 ③의 사과를 쌓듯이 얹는다.

7 10cm 폭의 시트를 펼쳐 밀가루 (분량 외)를 뿌리고 길이로 반 접는다. 접은 부분에 길이 3cm 정도의 칼집을 1cm 간격으로 넣는다.

8 ⑦의 시트를 펼쳐 ⑥ 위에 덮어씌운다.

9 가장자리를 잘 붙여 밀착시키고 비어져 나온 부분을 잘라 버린다.

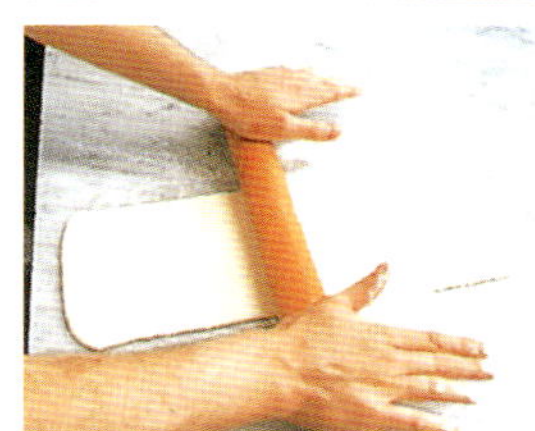

10 시트 양끝(긴 변)을 프티 나이프의 칼등으로 눌러 모양을 내면서 시트를 잡아당겨 모양을 잡는다(시크테 chiqueter).

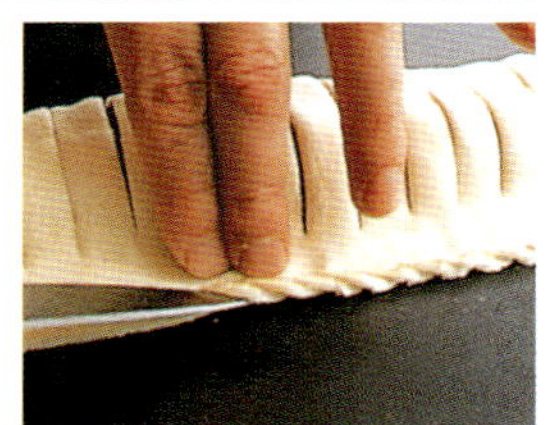

11 전체에 달걀물을 발라 180℃ 오븐에 넣는다. 표면과 바닥 면에 얼룩이 없는 깨끗한 갈색이 나면 완성.

12 마무리로 나파주를 바르고 장식용 설탕을 뿌린다.

BANDE AUX FRUITS
크렘 파티시에르와 과일을 넣은 파이

GALETTE DES ROIS
아몬드 크림을 넣은 파이

크렘 파티시에르와 과일을 넣은 파이
BANDE AUX FRUITS
신선한 과일이 가득한 파이. 한번에 많은 손님을 초대했을 때 유용한 과자이다.

재료 (8인분)

푀이타주 앵베르세
박력분 75g
강력분 75g
소금 3g
물 90cc
버터 15g
슈거 파우더 10g

끼워넣기용 재료
버터 150g
강력분 50g

달걀물 적당량

크렘 다망드 (아몬드 크림)
아몬드 파우더 75g
슈거 파우더 75g
버터 75g
달걀 1½개
바닐라 슈거 약간
럼주 약간

크렘 파티시에르 (커스터드 크림)
우유 250cc
바닐라 빈 ¼개
달걀노른자 3개분
콘스타치 25g
설탕 70g

데커레이션
신선한 제철 과일(딸기, 블루베리,
키위, 프랑부아즈, 스타 프루츠,
망고, 패션프루츠)

1 푀이타주 앵베르세를 만든다
(102쪽 참조). 작업대에 밀가루
(분량 외)를 뿌리고 시트를
50×20cm로 늘린다.

2 시트를 4겹으로 접어 11cm
폭 1개와 2cm 폭 2개로 나눠
자른다.

3 오븐 팬에 11cm 폭의 시트를
펴놓는다. 양쪽(긴 변)에
달걀물을 바른다.

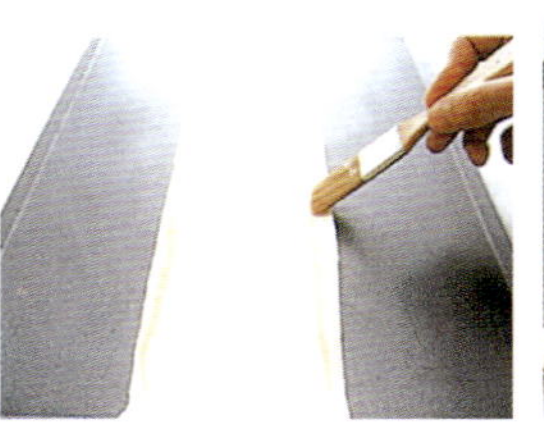

4 2cm 폭의 시트를 달걀물을
바른 부분에 1개씩 얹어 가볍게
누른다.

5 프티 나이프의 칼등으로 긴
변을 눌러 무늬를 넣으며
위아래를 단단히 잡아당겨 준다
(시크테, 85쪽 참조).

6 오븐 팬 밖으로 비어져 나온
시트를 잘라 낸다.

7 포크로 시트에 빽빽이 구멍을
만든다.

8 ⑤의 2cm 폭의 시트 표면에
달걀물을 바른다.

9 크렘 다망드를 만든다(104쪽
참조). 직사각형의 깍지를 끼운
짜주머니에 넣어 ⑧의 시트
위에 짜내고 180℃ 오븐에
굽는다.

10 바닥에 얼룩 없이 엷은
갈색이 나면 완성. 크렘
파티시에르를 만들어(105쪽 참조)
직사각형 깍지를 끼운 짜주머니에
채운 뒤, 구워 식혀 놓은 시트에
짜낸다. 비슷한 크기로 잘라 놓은
과일을 보기 좋게 얹는다.

아몬드 크림을 넣은 파이
GALETTE DES ROIS

1월 6일 주현절에 먹는 과자. 안에 들어 있는 즐거운 장치, '페브'를 발견하는 사람은 그 자리의 왕이 될 수 있었다고 한다.

재료(8인분)

푀이타주
박력분 150g
강력분 150g
물 150cc
버터 30g
소금 6g

버터 210g

크렘 다망드
버터 60g
슈거 파우더 60g
아몬드 파우더 60g
달걀 1개
럼주 10cc
바닐라 슈거 약간
박력분 10g

크렘 파티시에르
우유 170cc
달걀노른자 2개분
박력분 10g ｝ 내에서 50g 사용
콘스타치 6g
설탕 40g

달걀물 1개분

commentaires:

페브 (feve)
페브는 직역하면 '누에콩'이란 뜻. 옛날에는 진짜 누에콩을 넣었다고 하는데, 현재는 유약을 바르지 않고 구운 것에서 도기로 된 것까지 그 종류가 다양하다.

1 기본 푀이타주(100쪽 참조)를 만든다. 4겹 접기, 3겹 접기, 4겹 접기 작업을 해 휴지시킨 다음 시트를 반으로 나눠 각각 20×20cm의 정사각형으로 편다.

2 4개의 귀퉁이를 중심으로 접는다.

3 ②의 귀퉁이를 다시 한 번 중심으로 접는다.

4 이음매를 밑으로 향하게 놓고 양손으로 둥글게 성형한 다음 위에서 손바닥으로 가볍게 누른다. 다른 1장의 시트도 같은 방법으로 작업하고 랩으로 싼 뒤 냉장고에서 1시간 휴지시킨다.

5 작업대에 밀가루(분량 외)를 뿌리고 반죽 하나를 밀대로 민다. 일단 타원형으로 펴고 방향을 90도 바꿔 다시 편다. 지름 30cm의 원형이 될 때까지 이 작업을 반복한다.

6 ⑤의 시트를 오븐 팬 위에 놓고 가장자리 3cm 폭 정도에 달걀물을 바른다.

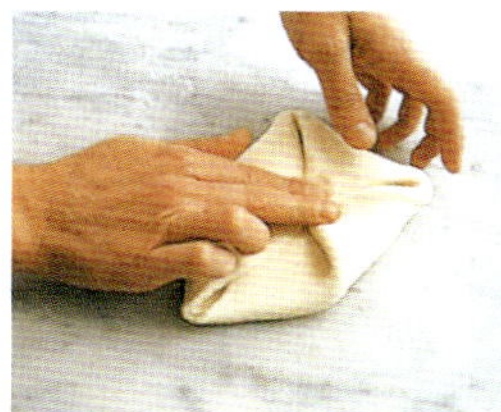
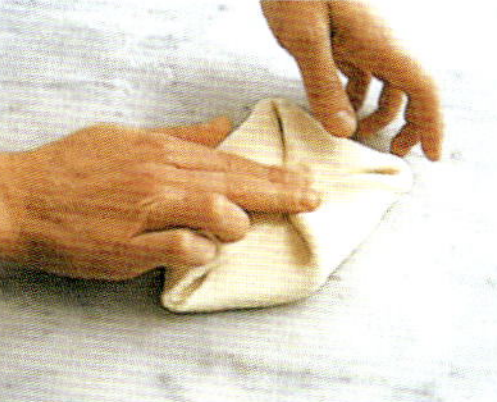

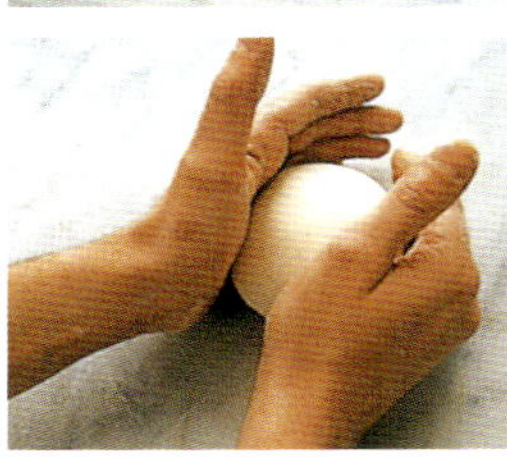
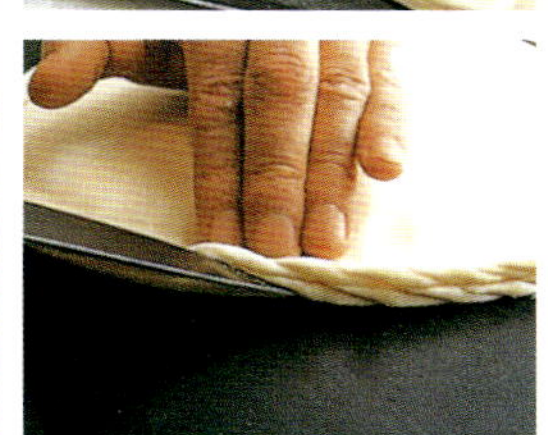
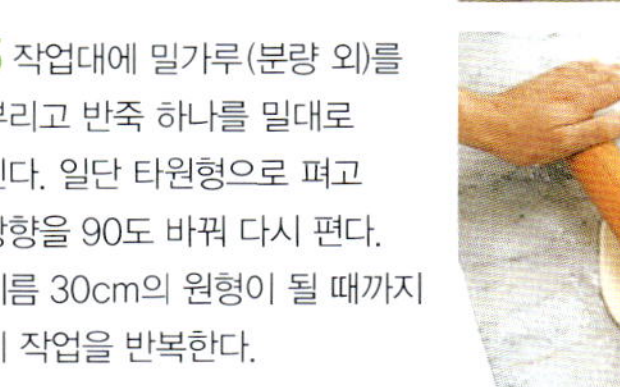

7 크렘 다망드(104쪽 참조)와 크렘 파티시에르(105쪽 참조)를 만들어 섞는다. 지름 0.5cm의 깍지를 끼운 짜주머니에 넣고 ⑥의 시트 중앙에서 부터 나선형으로 짜낸다.

8 팔레트로 평평하게 다듬고 페브를 묻어 냉장고에 넣는다.

9 남은 다른 시트도 ⑤와 같은 요령으로 지름 30cm의 원형으로 밀어 ⑧ 위에 씌운다. 2장의 시트가 밀착되도록 주위의 시트를 손으로 누르면서 카드로 가장자리에 무늬를 넣는다.

10 시트 가장자리를 시크테한다(85쪽 참조). 전체에 달걀물을 발라 냉장고에 15분 정도 넣어 둔다.

11 ⑩에 한 번 더 달걀물을 바르고, 프티 나이프의 칼끝으로 시트 표면에 무늬를 넣는다.

12 대나무 꼬챙이로 표면에 여러 군데 구멍을 내고 200℃ 오븐에 5분간 굽는다. 180℃로 온도를 내려 40분 정도 더 구워 밑바닥에 얼룩 없이 엷은 갈색이 나면 완성.

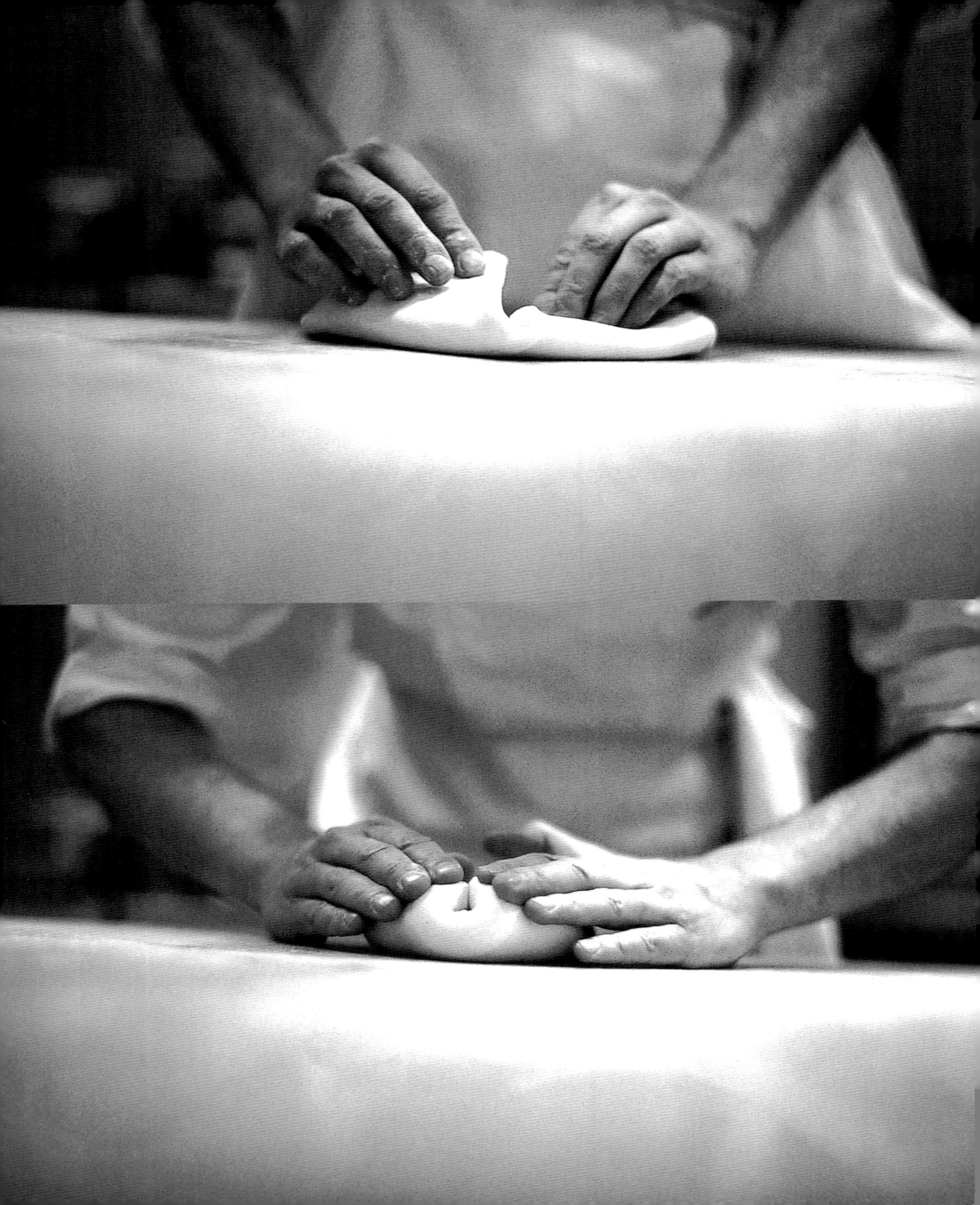

프랑스 과자의 기본 테크닉

　르 꼬르동 블루의 변함없는 전통, 그것은 맛을 최대한으로 살리기 위한 재료의 취급, 정확한 기초 지식과 테크닉일 것이다. 특히 맛있는 과자를 굽는 데 있어 기본적인 테크닉의 중요성은 아무리 강조해도 지나치지 않다. 재료를 넣는 타이밍이나 반죽 상태, 재료의 특징을 정확히 파악한 다음 작업을 하는 것이 중요하다. 예를 들면 달걀흰자를 거품 낼 때 설탕을 넣는 시간이 너무 빠르면 기포가 형성되지 않고 걸쭉한 상태가 되어 버리며, 너무 늦으면 물과 섞이지 않고 퍼석퍼석해진다. 또 파트 푀이테를 만들 때 층을 만드는 단계에서 버터가 부드러워지면 데트랑프에 유지방이 흡수되어 층이 깨끗하게 만들어지지 않게 된다. 또한 버터와 층을 이룬 반죽을 충분히 휴지시키지 않으면 반죽이 오그라들고, 탄력이 없어져 그대로 갈라지기도 한다. 파이 반죽은 얇고 크게 늘리기도 하고 틀로 찍어 내기도 하며 자유자재로 모양을 만들 수 있는 반죽으로, 속에 채우는 가르니튀르에 따라 여러 종류를 만들 수 있다. 어느 것이든 바삭바삭한 파이 반죽을 만들려면 반죽을 차게 휴지시키는 것이 중요하다. 초콜릿 템퍼링을 할 때는 특히 온도에 주의를 기울인다. 용해 온도가 너무 높으면 초콜릿이 타고, 입에 넣었을 때 부드럽게 녹지 않고 거슬거슬한 느낌이 남는다. 반대로 결정화시킬 때 온도가 너무 낮으면 초콜릿의 결정화가 진행되고 두툼해져 작업하기 어려워진다. 타이밍, 반죽 상태, 식재료의 특징 이 세 가지 각도에서 이야기했지만, 만드는 과자에 따른 템퍼링 포인트도 충분히 알아 두자. 또 과자를 굽는 데는 분량의 배합을 정확히 지키는 것이 초보자의 자세라고 할 수 있으며, 틀이나 각종 도구 등을 사용할 때 크기를 맞추는 것도 중요하다. 좋은 재료와 적당한 도구의 선택은 맛있는 과자를 만드는 포인트가 되므로 꼭 참고하기 바란다.

CHOCOLAT
쇼콜라 : 초콜릿

탕페라주 쇼콜라 초콜릿 템퍼링

초콜릿은 과자의 재료 중에서도 특히 다루기 힘든 것이다. 초콜릿으로 코팅하거나, 틀에 부어 만드는 경우, 그저 단순하게 녹인 것을 사용하면 외관상으로 예쁘지 않고, 입 안에서도 부드럽게 녹지 않게 된다. 그래서 필요한 것이 템퍼링(온도 조절) 작업이다.

템퍼링은 우선 초콜릿 안에 들어 있는 모든 입자를 분해하기 위해 녹인다. 그 후 카카오 버터가 결정을 만들기 시작하는 온도까지 내려 준다. 여기에서 모든 입자가 완전히 결정화된 상태가 된다. 그러나 한번 결정화되어도 그대로 놓아 두면 계속 결정화가 진행되어 초콜릿이 걸쭉한 상태가 된다. 그러면 얇게 코팅할 수 없으므로 약간만 온도를 올려 초콜릿 작업 온도로 만든다. 이것이 템퍼링의 구조이다. 템퍼링 온도는 초콜릿에 따라 다소 차이가 있으므로 아래의 그래프를 참고해 작업한다.

타블라주
TABLAGE

1 초콜릿을 잘게 잘라 볼에 넣고 중탕해 녹인다.

2 녹인 초콜릿 온도가 너무 높지 않도록 주의한다.

3 대리석 작업대 위에 초콜릿을 흘려 붓는다.

4 팔레트로 ③을 얇게 편다.

5 팔레트로 계속 개면서 열을 식힌다. 초콜릿에 손등을 대어 보아 열이 약간 식었으면 OK.

6 눈으로 초콜릿이 걸쭉해진 것을 확인하고 바로 긁어모은다. 다시 볼에 넣고 젓는다.

7 유산지 또는 대리석 작업대나 바트 위에 초콜릿을 약간 떨어뜨린다. 4~5분이 지나 초콜릿이 굳어지면 완전히 결정화된 상태.

8 볼을 중탕 상태로 만든다. 4~5초 지나면 OK. 뜨거운 물에서 볼을 꺼내 한번 저어 ⑦과 같은 테스트를 한다. 4~5분이 지나 초콜릿이 굳어지면 템퍼링 완료.

초콜릿의 템퍼링 온도

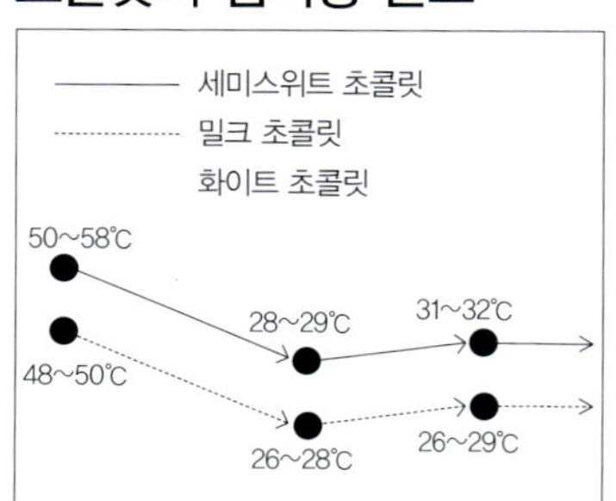

플라크 쇼드
PLAQUE CEAUDE

1 오븐 팬 뒷면을 깨끗하게 닦아 오븐에 넣고 50℃ 정도로 데운다 (손을 대어 보았을 때 뜨겁지만 참을 수 있을 정도의 온도). 녹여 둔 초콜릿을 국자 1개분 (약 100cc) 정도 흘려 붓는다.

2 L자형 팔레트로 표면을 넓게 펴 일정한 두께로 만든다.

3 오븐 팬 주위를 손가락으로 닦고 냉장고에 바로 넣어 초콜릿을 응고시킨다.

commentaires:
시가레트 등의 작업을 시작하기 10분 정도 전에 ③을 실온에 놓아 둔다.

시가레트
CIGARETTE

삼각 팔레트를 45도 각도로 세워 한쪽 끝부터 초콜릿을 긁어 말아 준다. 팔레트의 방향을 비스듬히 하면 큰 시가레트를 만들 수 있다.

에방타유
EVENTAIL

시가레트와 마찬가지로 팔레트의 각도는 45도. 두 번째 손가락으로 삼각 팔레트 모서리를 약간 누르면서 긁으면 한쪽에 주름이 생겨 부채 모양이 된다. 팔레트의 각도를 30도 정도로 하면 큰 주름을, 60도 정도로 세워 작업하면 작은 주름을 만들 수 있다.

플라크 프루아드
PLAQUE FROIDE

1 미리 오븐 팬을 냉동실에 넣어 차게 해둔다. 그 위에 초콜릿을 흘려 붓는다.

2 팔레트로 얇게 편다.

3 초콜릿이 응고되면 필요한 크기만큼 칼로 자른다.

4 초콜릿 밑으로 팔레트를 밀어 넣어 초콜릿을 오븐 팬에서 떼어 낸다.

commentaires:
플라크 쇼드, 플라크 프루아드는 템퍼링을 하지 않고 초콜릿을 재빨리 응고시킴으로써 자유자재로 모양을 만들 수 있는 방법. 단 템퍼링을 하지 않은 초콜릿은 안정성이 없어 장시간 실온에서 그 상태를 유지할 수 없다.(냉장 보관)

코크 앙 쇼콜라 만드는 법　'커피와 프랑부아즈 풍미의 초콜릿' (35쪽)에서 사용
COQUE EN CHOCOLAT

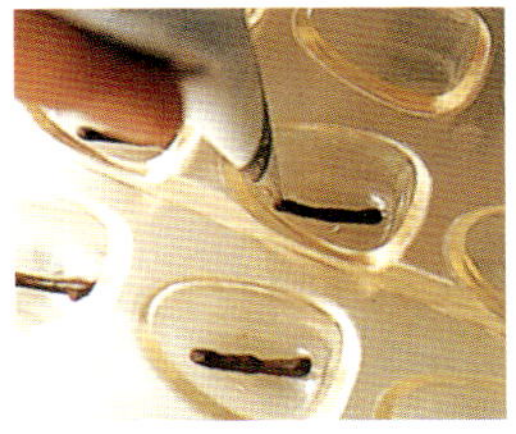 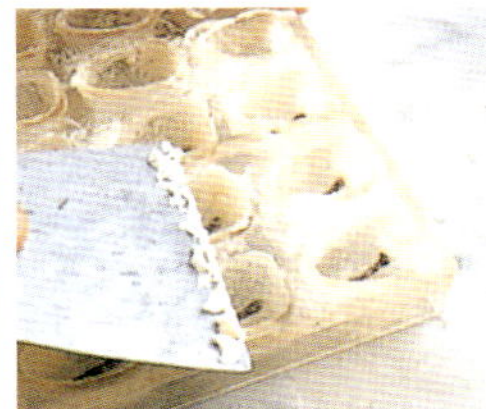   

1 면보로 초콜릿 틀 내부를 깨끗하게 닦는다. 코르네(98쪽 참조)에 템퍼링한 초콜릿을 채우고 틀 속에 무늬를 넣는다.

2 마른 붓으로 템퍼링한 초콜릿을 틀 내부 전체에 얇게 바르고, 틀 표면에 붙은 여분의 초콜릿은 삼각 팔레트로 긁어 제거한다.

3 ②와 같은 색의 템퍼링한 초콜릿을 틀에 붓고 여분의 초콜릿은 팔레트로 떼어 낸다.

4 틀을 바로 거꾸로 뒤집어 틀 표면을 나무 주걱으로 치면서 안의 초콜릿을 떨어뜨린다. 여분의 초콜릿은 팔레트로 제거하고 식힘망 위에 놓는다.

5 초콜릿이 점토 상태로 굳으면 틀 표면에 붙어 있는 여분의 초콜릿을 삼각 팔레트로 제거한다.

SUCRE
쉬크르 : 설탕

퀴이송 드 쉬크르 시럽을 끓이는 온도

설탕과 물을 끓이면 시럽이 완성된다. 이것에 알코올로 향을 넣어 반죽에 스며들게 하는 등 과자를 만드는 데 꼭 필요한 재료이다. 다시 시럽에 열을 가하면 졸아들어 상태가 변화하며, 그 온도 변화에 따라 여러 가지를 만들어 낼 수 있다. 시럽 만드는 방법과 온도 변화에 따른 시럽 상태를 소개한다.

시럽 만드는 법

1 냄비에 설탕과 물을 넣고 불에 올려 끓어오르면 위에 뜬 거품과 불순물을 걷어 낸다.

2 물에 적신 붓으로 냄비 가장자리에 붙어 있는 시럽을 닦아 낸다. 설탕이 완전히 녹고 1분 정도 끓이면 완성.

끓인 시럽의 온도 변화

끓인 시럽의 온도를 재는 방법은 두 가지가 있다. 한 가지는 온도계를 사용하는 방법이고 다른 하나는 온도계가 없는 경우인데, 끓인 시럽을 소량 스푼으로 떠 얼음물에 넣었을 때 시럽의 굳는 정도로 그 온도를 알 수 있다.

체크 방법

프티 불
PETIT BOULE

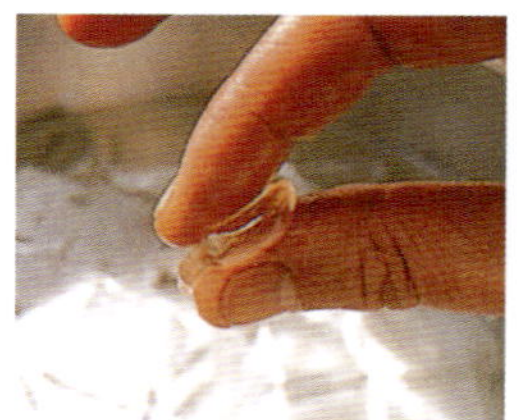

118℃ 손끝으로 둥글리면 부드러운 공 모양이 되며 압력을 가하면 쉽게 찌그러지는 상태. 머랭 이탈리안이나 파트 아 봉브를 만들 때 적합한 시럽.

그로 불레
GROS BOULE

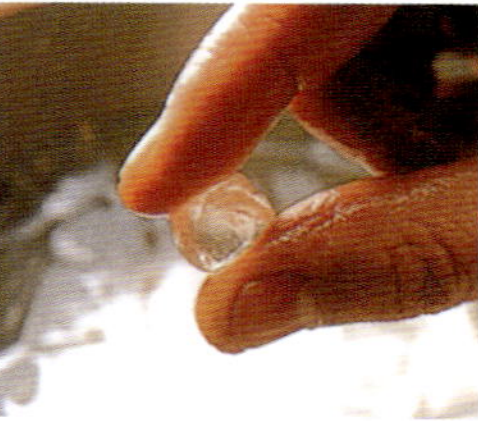

125℃ 프티 불레보다 약간 딱딱한 볼 상태. 압력을 가하면 고무와 같은 탄력이 느껴진다. 이탈리안 머랭을 약간 되직하게 만들고 싶을 때 적합한 시럽.

그랑 카세
GRAND CASSE

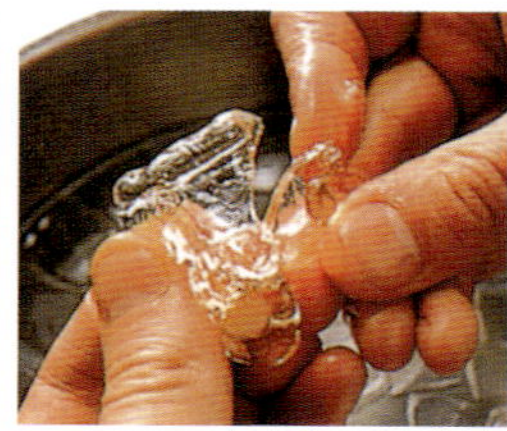

145℃ 굳어져서 압력을 가하면 쪼개지고 입에 넣었을 때 치아에 달라붙지 않는 상태. 슈 반죽 표면에 끼얹거나 엿을 세공할 때 적합한 시럽.

카라멜
CARAMEL

160℃ 그랑 카세와 마찬가지로 굳어져서 압력을 가하면 쪼개지고 호박색이 나 있는 상태. 크렘 카라멜이나 소스로 이용된다.

MERINGUE
머랭 : 머랭의 종류와 만드는 법

머랭에는 달걀흰자에 설탕을 넣어 거품을 낸 '머랭 프랑세즈', 막 끓여 낸 뜨거운 시럽을 넣으면서 거품을 낸 '머랭 이탈리안', 중탕 상태로 거품을 낸 '머랭 스위스'의 세 종류가 있다. 머랭 프랑세즈는 비스퀴 등의 반죽에 섞어 구워 낼 때 사용한다. 나머지 둘은 거품을 내는 단계에서 달걀흰자를 익히므로 오래 보관할 수 있는 무스나 크림류, 기포를 안정시켜 모양을 깨끗하게 만들고 싶은 머랭 과자 등에 사용한다. 여기서는 사용 빈도가 높은 머랭 프랑세즈와 머랭 이탈리안을 소개한다.

머랭 프랑세즈
MERINGUE FRANÇAISE

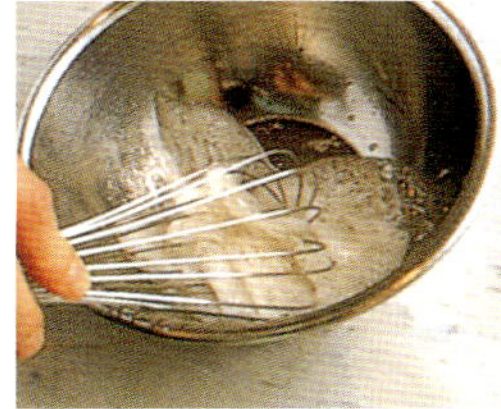    

1 볼에 달걀흰자를 넣고 거품기로 푼다. 입자가 굵은 무스 상태가 되면 거품 내기 시작한다.

2 거품기로 약간 떠냈을 때 달걀흰자의 형태가 새 부리 모양이 될 때까지 거품 낸다.

3 설탕을 1큰술 정도 넣고 ②와 마찬가지로 계속 거품 낸다.

4 설탕 입자가 녹으면 남은 설탕 1/3 분량을 넣고 다시 거품기로 젓는다.

5 ④의 작업을 반복하고 다시 설탕 1/3 분량을 넣는다. 거품기로 계속 젓다가 남은 설탕을 넣는다.

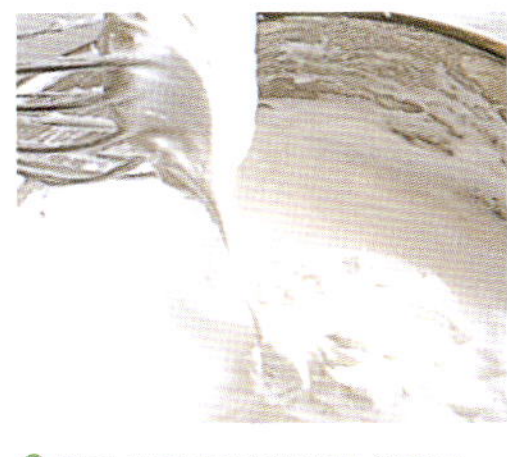

6 끝이 뾰족해질 때까지 완전히 거품을 내어 입자가 잘고 윤기 있는 상태로 만든다.

버섯 모양의 머랭 만드는 법 '프랑스의 크리스마스 케이크' (72쪽)에서 사용

  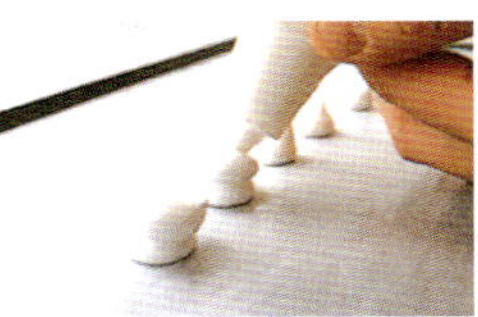 

1 ⑥의 반죽에 슈거 파우더를 넣고 섞는다.

2 ①을 지름 0.5cm의 깍지를 끼운 짜주머니에 넣고 2cm의 공 모양과 1.5cm의 원뿔 모양으로 짜낸다.

3 ② 위에 다시 머랭을 짜내 버섯 모양을 만든다.

4 위에 코코넛 파우더를 뿌린다.

머랭 이탈리안
MERINGUE ITALIENNE

  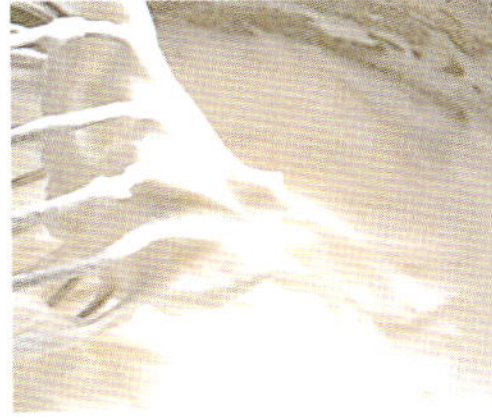  

1 냄비에 설탕과 물을 넣어 시럽을 만들고 프티 불레(94쪽 참조) 상태까지 졸인다.

2 볼에 달걀흰자를 넣어 푼다. 입자가 굵은 무스 상태가 되면 거품 내기 시작해 달걀흰자의 형태가 새 부리 모양이 될 때까지 젓는다.

3 설탕을 약간 넣고 나머지는 2~3회에 나눠 넣으면서 끝이 뾰족해질 때까지 완전히 거품 낸다.

4 ③에 졸인 ①의 시럽을 조금씩 조심스럽게 부어 넣으면서 거품기로 젓는다.

5 시럽을 전부 넣고 식을 때까지 천천히 젓는다. 윤기 있는 상태가 되면 완성.

NOUGATINE
누가틴

'슈 데커레이션 케이크 1'(12쪽), '슈 데커레이션 케이크 2'
(13쪽)에서 사용

재료
설탕 1kg
물엿 400g
아몬드 다이스 500g
레몬즙 2~3방울

commentaires:
누가틴을 만들 때 조리용 칼, 프티 나이프, 가위, 밀대, 팔레트,
삼각 팔레트, 고기 망치 등의 도구가 필요한데 반드시 미리 기름을
얇게 발라 둔다. 사용하는 틀에도 마찬가지로 기름을 바른다.
냄비는 동으로 만든 제품과 같이 열전도율이 높고 바닥이 두꺼운
것을 사용하면 작업이 용이하다.

1 아몬드 다이스를 오븐 팬에 깔아
170℃ 오븐에서 굽는다.

2 냄비에 물엿과 레몬즙을 넣어
팔팔 끓인다. 설탕을 5~6회로
나눠 넣고 녹인다.

3 설탕이 완전히 녹고 거품이
나기 시작하면 다시 설탕을
넣는다.

4 설탕이 녹고 다시 끓어오르면
불을 끈다.

5 ④에 오븐에 구운 ①의 아몬드
다이스를 한 번에 넣고 나무
주걱으로 섞는다.

6 전체가 골고루 섞이면 바로
오븐 팬으로 옮긴다. 한 곳에
뭉치지 않도록 나무 주걱으로
섞으면서 전체적으로 편다.

7 ⑥의 누가틴의 ¼ 분량을
대리석 작업대에 떠놓고 도구에
달라붙지 않을 정도가 될 때까지
팔레트로 섞으면서 열을 식힌다.

8 ⑦의 누가틴을 재빨리 밀대로
편다.

9 둥글게 편 누가틴을 준비해 둔
망케 틀 속에 넣는다.

10 여분의 누가틴을 가위로 잘라
내고 단면을 평평하게 만들어
둔다. 틀에 넣은 채 식힌다.

11 다시 ⑥의 누가틴 ¼ 분량을
대리석 작업대에 떠놓는다.
⑦~⑧의 작업을 하고 띠 모양으로
만들어 세르클 틀 높이인 6cm
폭으로 자른다.

12 세르클 틀 안쪽에 ⑪을 단단히
붙인다.

13 ⑥의 누가틴에서 주먹 크기
정도의 분량을 떠내 ⑦~⑧의
작업을 한다. 지름 18cm, 16cm,
15cm의 원형 시트를 1장씩
만든다.

14 ⑬과 마찬가지로 주먹 크기의
분량을 떠내 ⑦~⑧의 작업을 거쳐
지름 6~7cm 8장, 7~8cm 1장의
원형 시트를 만든다.

15 다시 ⑭ 같은 방법으로
작업하고 넓게 펴는 단계에서 띠
모양을 만든다. 식기 전에 칼로
이등변삼각형으로 잘라 약 18장을
준비한다.

초승달 모양의 누가틴 만드는 법
'슈 데커레이션 케이크 1'(12쪽)에서 사용

1 과정 ⑧의 누가틴을 지름
5~6cm의 모양틀로 8장 찍어
낸다.

2 홈통 틀에 넣어 손으로 눌러
구부린다.

PATE
파트 : 반죽

파트 브리제 단맛이 적은 파이 크러스트 반죽

박력분 · 버터 · 설탕을 섞고, 달걀과 물을 넣어 끈기가 생기지 않도록 반죽한다. 각종 타르트를 만들 때 이용하는데, 비교적 단맛이 적은 재료이므로 사과 콩포트 등 단맛이 강한 것을 넣어도 맛의 조화를 이룬다. 살구, 서양 자두 등의 과일을 그대로 반죽에 얹고 설탕을 듬뿍 뿌려 구워도 좋다.

재료
박력분 200g
버터 100g
달걀 1개
물 1큰술
소금 1g
설탕 5g
바닐라 슈거 약간
레몬즙 약간

1 박력분, 소금, 설탕, 바닐라 슈거를 섞어 체에 내린다.

2 차가운 버터를 1×1cm 크기로 깍둑썰기 한다.

3 ①에 ②의 버터를 넣고 카드로 자르듯 반죽해 모래알과 같이 가루가 흩어지는 상태를 만든다.

4 ③의 한가운데 홈을 파서 달걀을 풀어 넣고, 물과 레몬즙도 넣는다.

5 주위의 가루와 조금씩 섞는다. 물은 반죽의 상태를 보고 나중에 더 보충한다.

6 반죽이 가볍게 뭉쳐지면 손바닥으로 반죽을 앞으로 밀듯이 으깨며 재빠르게 섞는다. 글루텐이 형성되면 좋지 않으므로 치대지 말 것.

7 반죽을 한 덩어리로 뭉치고 납작하게 눌러 랩으로 싼 뒤 냉장고에서 최소 1시간 정도 휴지시킨다.

commentaires:
반죽은 냉장고에 하룻밤 정도 두는 것이 이상적이지만, 적어도 사용하기 6시간 전에는 만들어 휴지시키는 것이 좋다.

파트 쉬크레 단맛이 나는 파이 크러스트 반죽

버터, 슈거 파우더, 달걀노른자를 크림 상태로 만들고 여기에
박력분을 넣어 반죽해서 휴지시킨 다음 넓게 편다. 아몬드 크림
과 함께 구워 내는 타르트에 잘 어울리는 반죽이다. 또 레몬 타
르트처럼 크림 상태의 재료와도 잘 어울린다. 일단 바싹 구워
완전히 식힌 다음에 크림과 과일을 채워 넣기도 한다. 크림 류
를 사용하는 프티 푸르 등에도 이용할 수 있다.

재료

박력분	300g
버터	150g
슈거 파우더	150g
달걀노른자	3개분
물	2큰술
소금	약간
바닐라 슈거	약간

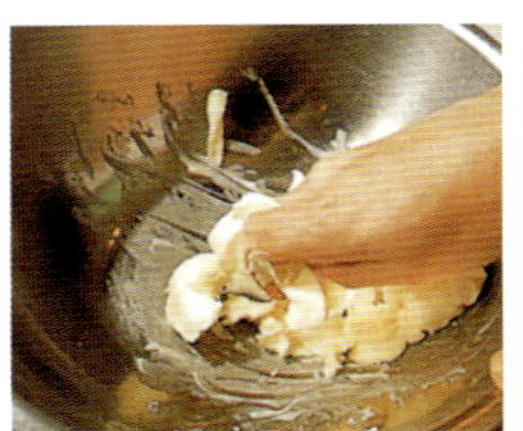

1 버터는 포마드 상태로 만들거나
실온에 두었다가 손으로 주물러
부드럽게 해둔다.

2 슈거 파우더, 소금, 바닐라
슈거를 섞어 체에 내린 다음 ①에
넣고 잘 섞는다.

3 ②에 달걀노른자를 하나씩
넣으며 주물러 섞어 크림 상태로
만든다.

4 물을 넣는다(먼저 1큰술을 넣어
부드럽게 만든 다음 나머지를 마저
넣는다).

5 마지막으로 박력분을 체에 쳐
넣는다. 끈기가 생기지 않도록
가볍게 섞어 반죽을 한 덩어리로
뭉친다.

6 반죽에 밀가루(분량 외)를
뿌리고 약간 납작하게 만들어
랩으로 싼 뒤 냉장고에서 최소
1시간 휴지시킨다.

commentaires:

반죽은 냉장고에 하룻밤 정도
두는 것이 이상적이지만, 적어도
사용하기 6시간 전에는 만들어
휴지시키는 것이 좋다.

코르네 만드는 법

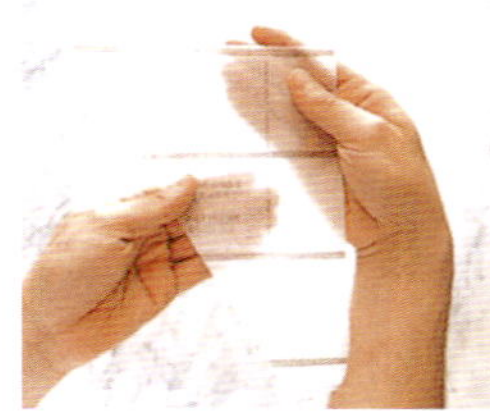

1 유산지를 직각삼각형으로
자른다.

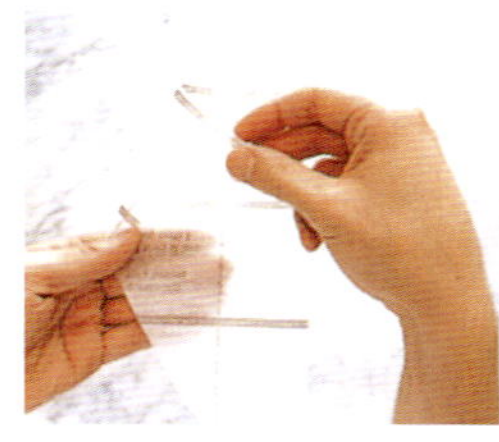

2 삼각형의 60도 각도의 끝을
안쪽으로 말아 준다.

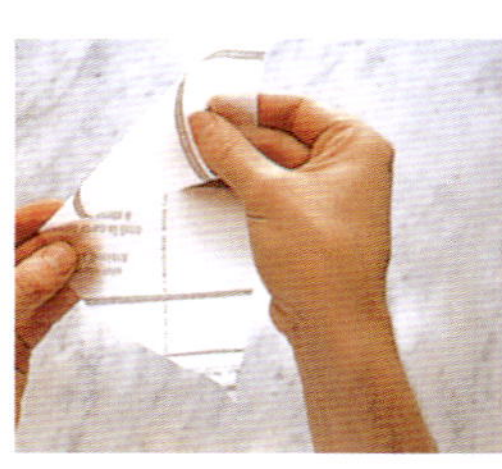

3 30도 각도의 방향으로 돌돌
만다.

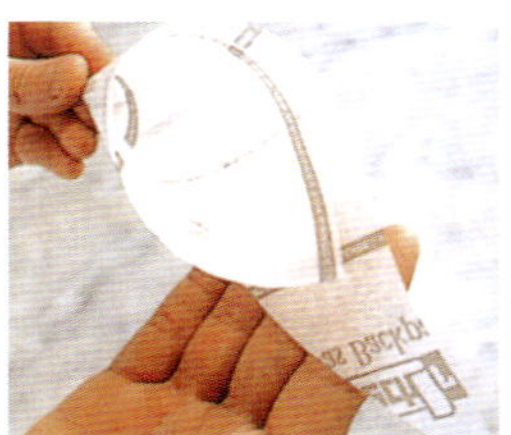

4 ②를 30도 각도의 끝부분까지
원뿔 모양으로 말아 준다.

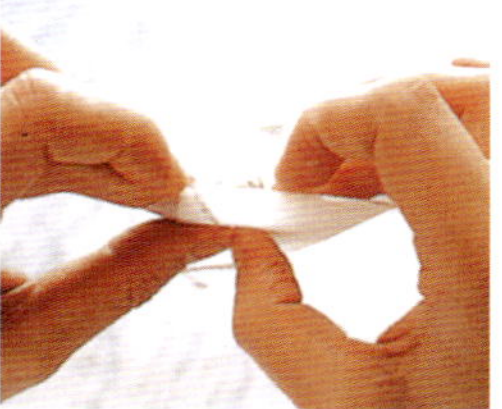

5 완성된 원뿔 모양 유산지의
30도 각도의 끝을 약간 접는다.
코르네 완성.

파트 아 슈 　슈 반죽

슈는 모양에 따라 각각 다른 이름이 붙여져 있다. 예를 들면
에클레르 · 를리지외즈 · 살랑보 등의 작은 것에서부터, 큰 것
으로는 생토노레나 파리 브레스트 등이 특히 유명하다. 또한
그뤼에르 치즈를 넣어 구운 구제르나 감자 퓌레를 섞어 기름
에 튀긴 폼 도핀 등도 있다.

재료

물 250cc
버터 100g
소금 3g
설탕 6g
박력분 150g
달걀 4개

1 냄비에 물, 잘게 썬 버터, 소금, 설탕을 넣고 약한 불에 끓인다.

2 버터가 녹아 전체적으로 보글보글 끓으면(수분이 빨리 증발 하는 것을 막기 위해 끓어오르지 않게 할 것) 일단 불을 끈다.

3 체에 친 박력분을 ②에 넣고, 나무 주걱으로 재빨리 섞는다. 다시 불에 올려 여분의 수분을 증발시킨다.

4 반죽이 한 덩어리로 뭉쳐지고 냄비 바닥에 얇은 막이 생겨 냄비에 들러붙지 않는 상태가 되면 OK.

5 불을 끄고 바로 볼에 옮겨 가볍게 열을 식힌다.

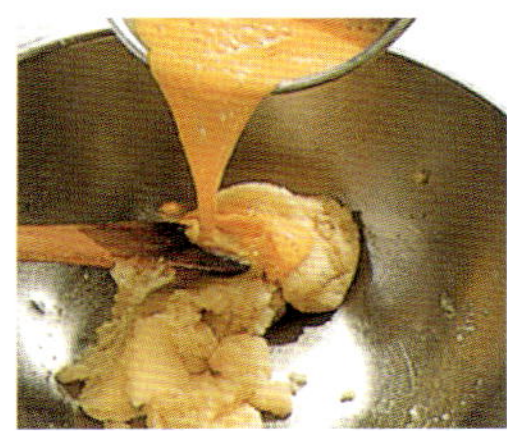

6 달걀을 풀어 ⑤에 조금씩 넣으면서 반죽과 섞는다(볼을 돌리면서 자르듯이 섞는다). 달걀은 4~5회에 나눠 넣는다.

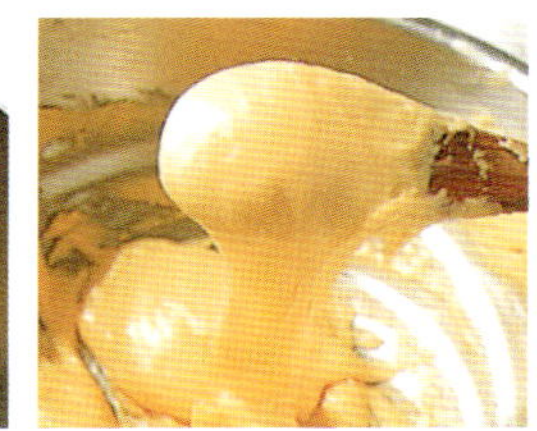

7 나무 주걱으로 반죽을 들어 올렸을 때, 늘어지며 천천히 떨어지는 정도까지 달걀로 농도를 조절한다.

8 반죽은 비단처럼 윤이 나고 손으로 눌러 보았을 때 천천히 원상태로 돌아오는 정도에서 마무리한다. 이때 반죽이 너무 되면 오븐에 구웠을 때 갈라진다.

6 ⑤에 초콜릿 등을 넣는다.

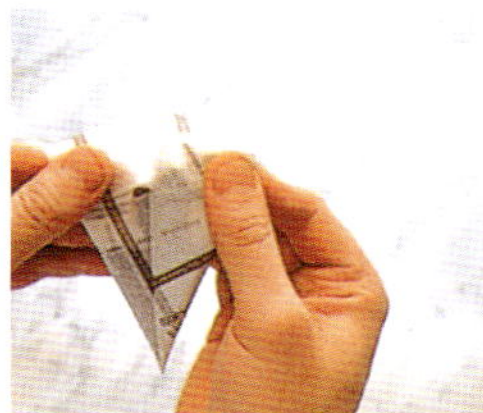

7 유산지 입구를 접어 위로 새지 않게 한다.

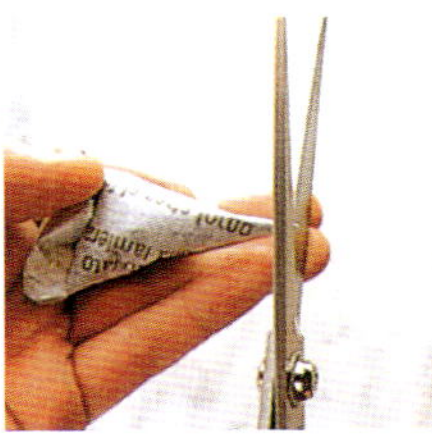

8 가위로 뾰족한 끝을 필요한 크기로 자른다.

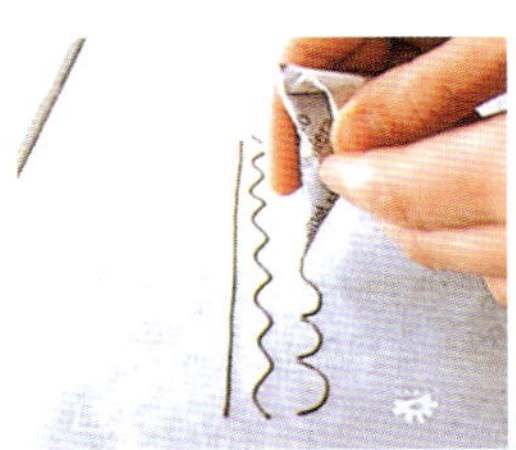

9 조금 짜서 테스트를 해보고 원하는 모양으로 짠다.

파트 푀이테 클래식 클래식 퍼프 페이스트리 반죽

층이 있는 반죽으로 버터를 싸서 밀대로 미는 작업을 여러 번 반복한다. 여러 층이 겹쳐지고 바삭바삭하게 구워진 과자는 특유의 씹히는 맛이 좋다. 이 반죽을 사용한 피티비에, 쇼송, 팔미에, 밀푀유 등이 대표적인 것이다. 반죽의 두께에 따라 과자의 볼륨이 크게 달라지므로 용도에 따라 두께를 조절한다. 또한 타르트 반죽으로도 쓸 수 있다.

재료
박력분 200g
강력분 200g
물 200cc
버터 녹인 것 40g
소금 8g
레몬즙 약간
버터 240g

1 박력분과 강력분을 섞어 체에 내린 다음 소금을 섞는다.

2 한가운데에 홈을 파고 넓혀 버터 녹인 것, 레몬즙, 물(조절을 위해 조금 남겨 둔다)을 넣는다.

3 주위의 가루를 조금씩 가운데로 밀어 넣으며 전체를 가볍게 섞는다 (너무 치대지 않도록 한다).

4 반죽 상태를 보면서 필요하면 물을 조금씩 넣는다.

5 볼 안에서 반죽을 한 덩어리로 뭉친다.

6 반죽을 동그랗게 만들어 十자로 깊게 칼집을 넣는다.

7 랩으로 싸 냉장고에 최소 40분 정도 넣어 둔다. 4시간 휴지시키는 것이 이상적.

8 버터를 밀대로 두드려 0.7~0.8cm 두께로 네모나게 펴 냉장고에 넣는다.

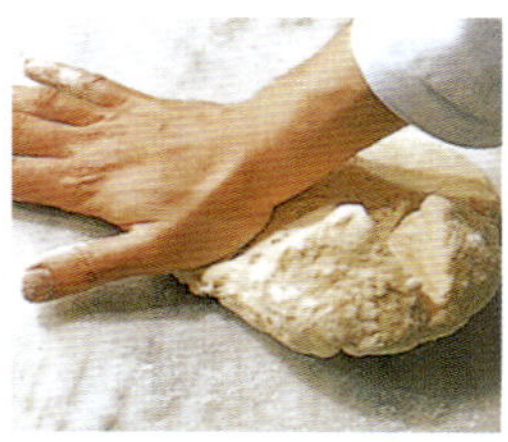

9 밀가루(분량 외)를 뿌린 대리석 작업대에 ⑦의 반죽을 꺼내 놓고 손바닥으로 반죽을 사방으로 밀어 낸다.

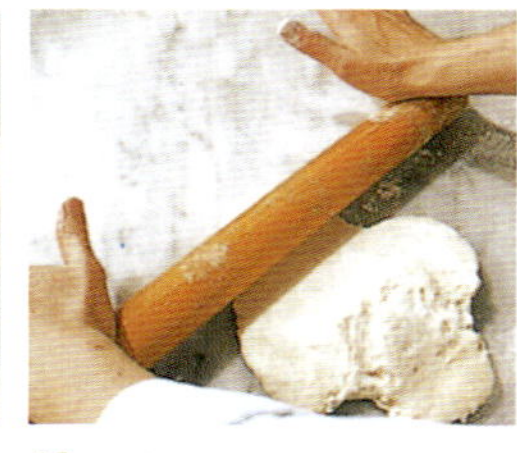

10 밀대로 중심에서 사방으로 편다.

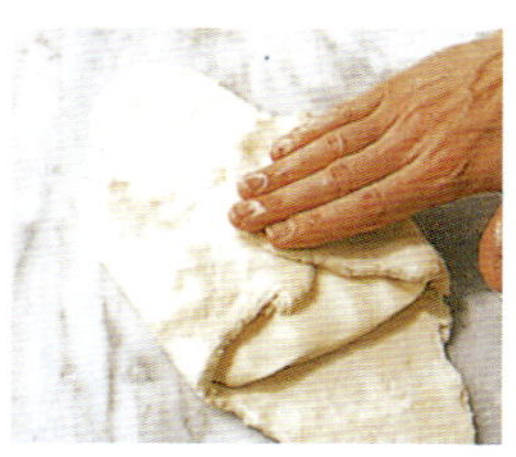

11 반죽 한가운데에 ⑧의 버터를 얹어 놓고 네 면의 반죽으로 싼 다음 모서리를 잘 봉한다.

12 작업대에 밀가루(분량 외)를 뿌리고 밀대로 반죽을 가볍게 두드려 균일한 두께로 편다.

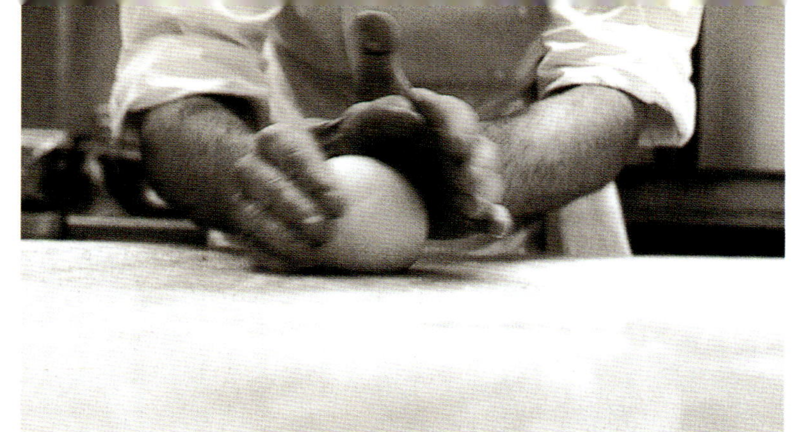

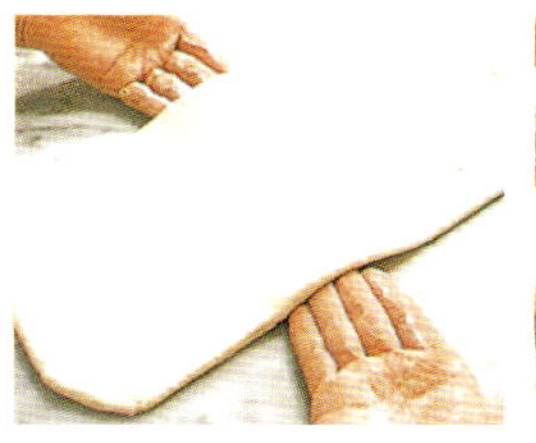

13 반죽이 작업대에 들러붙지 않았는지 때때로 손을 밑으로 넣어 확인한다.

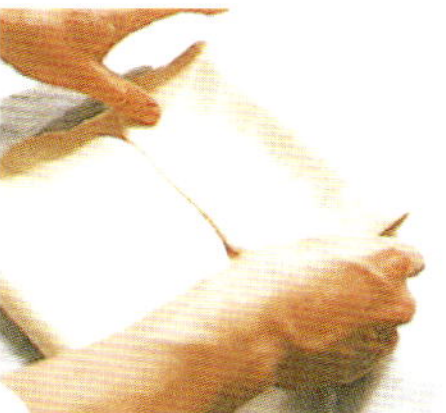

14 반죽을 4등분 하는 식으로 밀대로 자국을 내고 위아래의 반죽을 중앙으로 접는다.

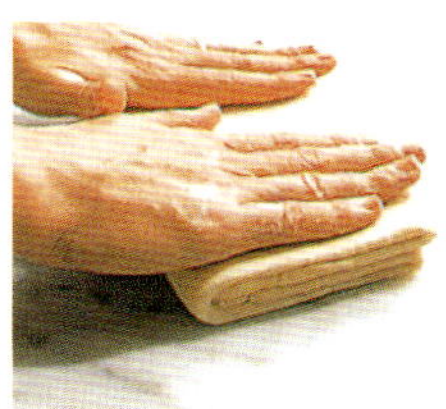

15 반죽을 약간 잡아당기고 중앙을 눌러 다시 한 번 접는다 (4겹이 된다). 랩으로 싸서 냉장고에서 15분간 휴지시킨다.

16 밀가루를 뿌린 작업대에 반죽을 꺼내 놓고 ⑮와 방향을 90도 바꿔 밀대로 가볍게 두드려 편다.

17 ⑯의 반죽을 3등분 하듯 밀대로 자국을 내고 밀가루를 떨어낸다.

18 위아래의 반죽을 3겹으로 접는다.

19 밀대로 가볍게 두드려 랩으로 싼 뒤 냉장고에서 15분간 휴지시킨다.

20 밀가루를 뿌린 작업대 위에 반죽을 꺼내 놓고 ⑲와 방향을 90도 바꿔 밀대로 가볍게 두드려 편다.

21 ⑭와 마찬가지로 반죽을 4등분 하듯 밀대로 자국을 내고 밀가루를 떨어낸 다음 위아래의 반죽을 중앙으로 접는다.

22 ⑮와 같은 방법으로 작업해 반으로 접는다. 밀대로 약간 두드린 다음 랩으로 싸서 냉장고에서 15분간 휴지시킨다.

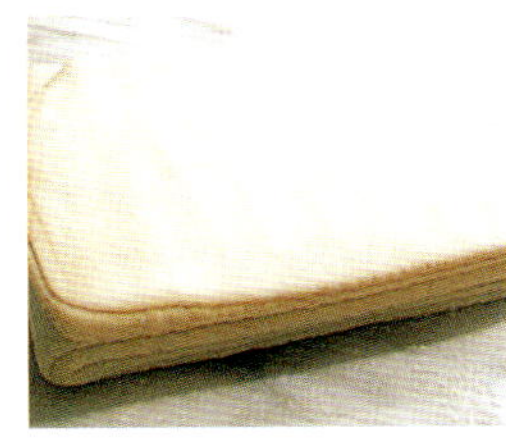

23 ⑯~⑱의 3단 접기 작업을 한 번 더 반복해서 깨끗하게 겹을 만든다. 랩으로 싸서 냉장고에서 1시간 휴지시킨다.

commentaires:

각각의 용도에 맞게 반죽을 성형해 사용한다. 랩으로 싸서 냉장고에서 3~4일, 냉동실에서는 3~4개월 보관할 수 있다

파트 푀이테 앵베르세 퍼프 페이스트리 앵베르세

데트랑프 (버터를 싸기 전의 밀가루 반죽)로 버터를 싸서
끼워 넣는 파트 푀이테 클래식(푀이타주라고도 한다)과는
달리 버터로 데트랑프를 싼 반죽을 파트 푀이테 앵베르세
(푀이타주 앵베르세)라고 한다. 버터의 층이 반죽 바깥쪽
에 있으므로 수축이 되지 않아 구워 낸 다음 바삭바삭하
고 구미를 당기는 과자로 완성된다. 데트랑프를 버터로
싸서 끼워 넣는 작업이므로 얼음을 넣은 바트 등으로 작
업대를 차게 하는 등의 주의가 필요하다.

재료

박력분 150g
강력분 150g
슈거 파우더 10g
소금 5g
물 180cc
버터 녹인 것 30g

시트용 버터

버터 300g
강력분 100g

1 박력분과 강력분을 섞어 체로 친
뒤 대리석 작업대에 놓고 카드로
중앙에 홈을 넓게 판다.

2 슈거 파우더, 소금을 넣고
소량의 물을 부어 손으로 녹여
섞는다.

3 주위의 밀가루를 조금씩 섞는다.

4 ③의 작업 도중에 버터 녹인
것을 넣어 섞는다.

5 다시 주위의 밀가루를 섞어
반죽이 페이스트 상태가 되면 남은
물을 조금씩 넣는다.

6 분량의 물을 전부 넣고 카드로
다 섞이지 않은 밀가루를 중앙으로
긁어모아 한 덩어리로 뭉친다.

7 어느 정도 반죽이 뭉치면 카드로
조금씩 반죽을 자르면서 섞어
준다.

8 ⑦의 작업을 4~5회 반복한다.

9 부드러운 상태로 반죽이 하나로
뭉치면 납작하게 만들어 랩으로
싼 다음 냉장고에서 1시간
휴지시킨다.

10 시트용 버터를 만든다. 포마드
상태로 만든 버터에 강력분을 체에
쳐서 넣는다.

11 버터와 밀가루를 잘 섞는다.

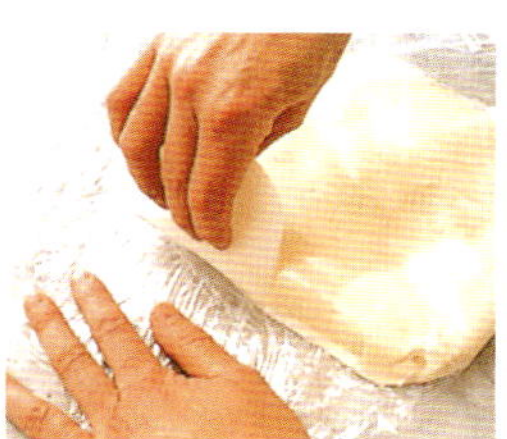

12 ⑨의 반죽과 같은 크기로 모양을 다듬어 랩으로 싼 뒤 냉장고에 넣어 굳힌다.

13 ⑫의 버터가 완전히 굳으면 밀가루를 뿌리고 ⑨의 반죽보다 ⅓ 정도 큼직하게 밀대로 편다.

14 ⑬의 윗부분을 ⅓ 정도 남기고 ⑨의 반죽을 얹는다.

15 반죽이 놓이지 않은 ⅓ 부분을 중앙으로 접는다. 반대쪽 ⅓도 접어 위아래 반죽이 중앙에서 겹치도록 한다.

16 ⑮와 반죽의 방향을 90도 바꿔 밀대로 가볍게 두드려 편다.

17 반죽을 ¼과 ¾으로 등분하듯 자국을 내어 위아래 반죽의 끝이 만나도록 접는다.

18 ⑰의 반죽을 다시 반 접는다. 랩으로 싸 냉장고에서 최소 15분간 휴지시킨다.

19 작업대에 반죽을 놓고 ⑱과 방향을 90도 바꿔 균일한 두께로 펴지도록 밀대로 표면을 가볍게 눌러 X자 자국을 만든다.

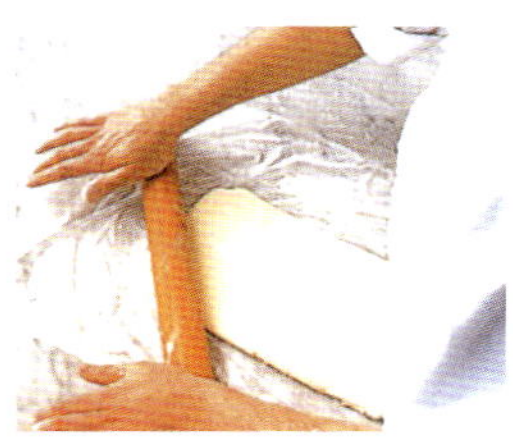

20 밀대로 고르게 펴준다.

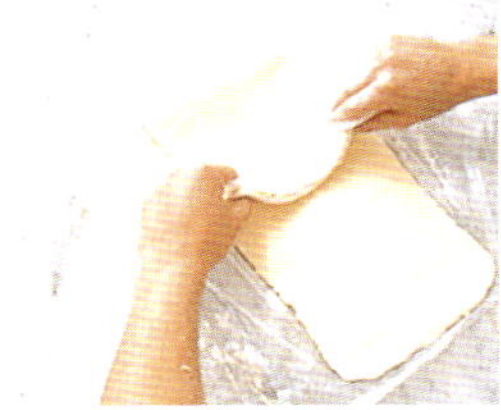

21 반죽을 3등분 하듯 자국을 내고 위아래 반죽이 중앙에서 겹치도록 셋으로 접는다. 랩으로 싸서 냉장고에서 15분간 휴지시킨다.

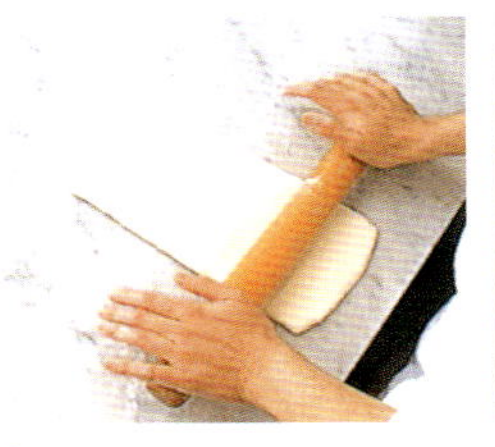

22 작업대에 밀가루를 뿌리고 휴지시킨 ㉑의 반죽을 편다.

23 ⑰~⑱의 작업을 반복하고 4겹으로 접는다.

24 랩으로 싸서 냉장고에서 휴지시킨다.

CREME
크렘 : 크림

크렘 다망드 아몬드 크림

타르트 반죽과 함께 굽기도 하고, 피티비에 등으로 대표되는 파이 반죽과도 어울려 쓰인다. 또 파이 반죽 속에 넣어 구울 수도 있다. 응용 범위도 넓고 버터, 아몬드 파우더, 슈거 파우더, 달걀의 배합도 전부 같은 양이므로 기억해 두면 편리하다.

재료

버터 50g
아몬드 파우더 50g
슈거 파우더 50g
달걀 1개
소금 약간
럼주 5cc
바닐라 에센스 약간
아몬드 에센스(기호에 맞게) 약간

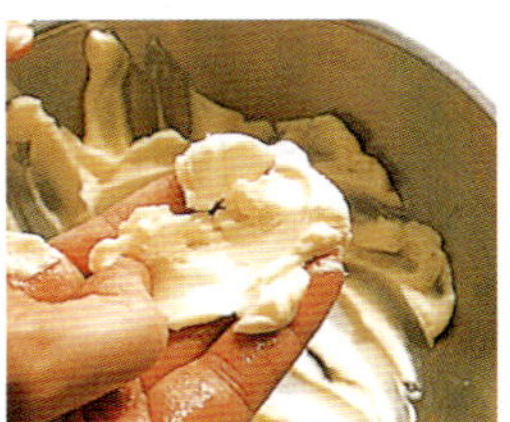

1 버터를 부드러운 포마드 상태로 만든다.

2 ①에 체에 친 슈거 파우더와 소금을 넣고 잘 섞는다.

3 달걀을 풀어 ②에 여러 번에 나눠 넣으면서 섞는다.

4 체에 친 아몬드 파우더를 조금씩 넣으면서 섞는다.

5 바닐라 에센스, 아몬드 에센스, 럼주를 넣고 섞는다.

6 거품기로 거품을 내고 전체가 부드러워질 때까지 잘 섞는다. 랩을 씌워 냉장고에 일주일 정도 보관할 수 있다.

바닐라 빈의 기초 손질법

크렘 파티시에르와 끓인 프루츠 시럽 등에 향을 낼 때 빼놓을 수 없는 것이 바닐라 빈이다. 바닐라 향을 내려면 껍질을 반으로 갈라 검은 씨를 빼내고 껍질과 함께 향을 낼 액체에 넣는다. 사용한 바닐라 껍질은 물에 잘 씻어 건조시키고 설탕과 함께 믹서에 갈면 바닐라 슈거로 쓸 수 있다.

1 바닐라 빈은 칼등으로 평평하게 만든다.

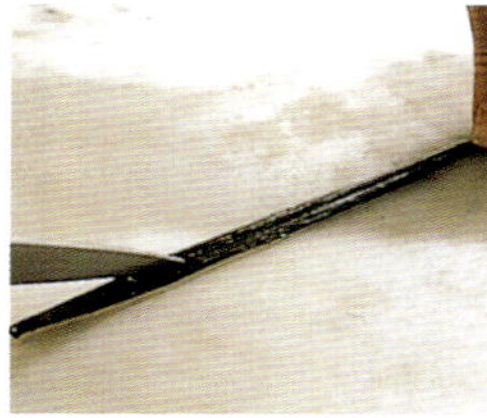

2 세로로 칼집을 넣는다.

3 칼날로 씨를 훑어 넣고 껍질도 넣는다.

크렘 파티시에르 커스터드 크림

제과점의 크림이라 불리는 이 크림은 슈 속을 채우는 것으로,
또 앙트르메를 만들 때의 크림으로도 빠뜨릴 수 없다. 크렘
다망드나 크렘 샹티이, 파트 아 슈 등과 섞어 사용하는 방법
도 있다.

재료
우유 250cc
설탕 60g
달걀노른자 3개분
박력분 15g
콘스타치 10g
바닐라 빈 1/2개

1 냄비에 우유와 바닐라 빈(104쪽
참조)을 넣고 약한 불에 끓이면서
가끔 거품기로 젓는다.

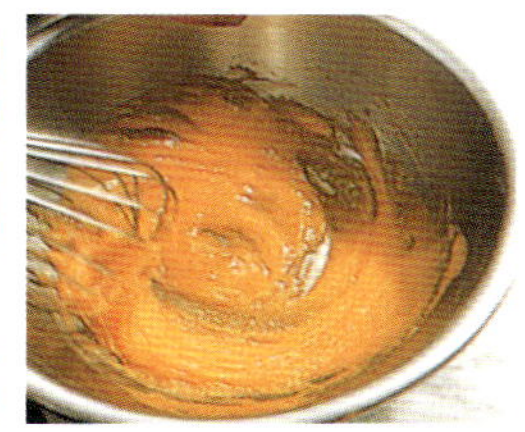

2 볼에 달걀노른자와 설탕을 넣고
재빨리 섞어 크림색을 띨 때까지
계속 젓는다.

3 ②에 체에 친 박력분과
콘스타치를 넣고 전체가 잘 섞일
때까지 젓는다.

4 ①의 우유가 끓기 시작하면
바닐라 빈의 껍질을 꺼내고 끓는
상태에서 1/2 분량을 ③에 넣으며
섞는다. 완전히 액체 상태가 되면
나머지 우유가 담긴 냄비에
넣는다.

5 ④를 다시 불에 올려 거품기로
힘차게 섞으면서 걸쭉하게 만들고
밀가루 냄새를 없앤다.

6 ⑤가 냄비 바닥에서부터
부글부글 끓으면 불을 끄고 바트에
옮겨 넓게 편다.

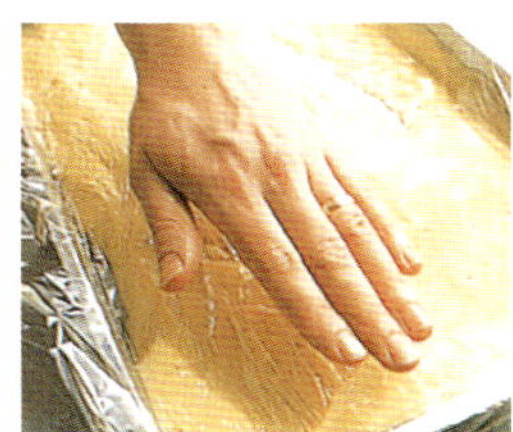

7 랩을 밀착시켜 씌우고(크림과의
사이에 틈이 있으면 물방울이
생긴다) 실온에서 식힌다.
냉장고에 이틀간 보관할 수 있다.

MATERIEL
도구

1
Bassine (바신)
믹싱 볼. 재료를 섞을 때 사용하는 것. 용도에 따라 크기를 고른다.

2
Vol-au-vent (볼로방)
찍어 내는 틀. 시트를 둥글게 잘라 낼 때 사용. 지름이 11~26cm 정도까지 크기가 다양하다.

3
Passoire (파수아르)
섞어 놓은 재료를 거르거나 가루를 내릴 때 사용하는 체.

4
Fouet (푸에)
거품기. 재료를 섞거나 생크림을 거품 낼 때 등에 사용한다.

5
Emporte-piece cannelé (앙포르트피에 스 카늘레)
국화꽃 모양을 찍어 내는 틀. 시트를 찍어 내는 데 사용한다. 지름이 2~10cm 정도까지 크기가 다양하다.

6
Emporte-piece uni (앙포르트피에스 위니)
동그랗게 찍어 내는 틀. 시트를 찍어 내는 데 사용한다. 지름이 2~10cm 정도까지 크기가 다양하다.

7
Brosse (브로스)
브러시. 반죽에 뿌린 여분의 밀가루 따위를 떨어 내는 데 사용한다.

8
Grille plate (그리유 플라트)
식힘망. 다 구워진 반죽을 식힐 때 사용하는 망.

9
Rouleau á pâtisserie (룰로 아 파티스리)
밀대. 반죽을 펴서 성형할 때 사용한다. 어느 정도의 길이와 무게가 있는 것이 사용하기 쉽다.

10
Grille (그리유)
오븐용 망. 틀에 반죽을 채워 구울 때 망 위에 얹어 구우면 밑바닥까지 깨끗하게 구워진다.

11
Plaque à four (플라크 아 푸르)
오븐 팬.

12
Gouttière (구티에르)

홈통 틀. 다 구워진 반죽과 무스 등이 조화를 이루는 빵을 만들 때 사용한다. '오믈레트 노르베지엔' (31쪽), '망디앙, 누가 블랑' (38쪽)에서 사용.

13
Moule à cake (물 아 케이크)
파운드 틀. 파운드 케이크를 구울 때 사용한다. '레몬향의 파운드 케이크' (22쪽)에서 사용.

14
Gouttière átuile (구티에르 아 튀일)
홈통 틀. 다 구워진 시트를 기와 모양이나 반달형으로 만들고 싶을 때 사용한다. '코코넛과 아몬드 풍미의 튀일' (46쪽)에서 사용

15
Cadre á entremets (카드르 아 앙트르메)
구워진 반죽에 무스 등을 함께 조화시킬 때 이용하는 틀. '초콜릿 무스와 화이트 무스 앙트르메' (66쪽), '이탈리안 머랭을 넣은 버터 크림과 딸기 앙트르메' (70쪽) 등에서 사용.

16
Cercle á tarte (세르클 아 타르트)
타르트를 구울 때 이용하는 틀. '브르타뉴식의 쿠키' (16쪽)에서 사용.

17
Cercle á entremets (세르클 아 앙트르메)
구워 낸 반죽과 무스 등을 조화시킬 때 이용하는 둥근 틀. '사과 무스 앙트르메' (62쪽), '프랑부아즈 무스 앙트르메' (63쪽), '딸기 샤를로트' (67쪽) 등에서 사용.

18
Moule á marquise (물 아 마르키즈)
마르키즈 글라세를 만들 때 쓰는 전용 틀.

19
Moule á manque (물 아 망케)
망케 틀. 제누아즈 시트를 구울 때 사용한다. '클래식 초콜릿 케이크' (17쪽), '호두를 넣은 케이크' (21쪽), '오렌지 바바루아 앙트르메' (50쪽)에서 사용.

20
Moule à chocolat (물 아 쇼콜라)
가나슈 채우는 초콜릿 케이스를 만드는 전용 틀. 틀의 형태나 무늬도 다양하다. '커피와 프랑부아즈 풍미의 초콜릿' (35쪽)에서 사용.

21
Rouleau cannelé (룰로 카늘레)
홈이 파인 밀대. 표면에 가는 홈이 있다. 마스팽 표면을 장식할 때 등에 사용한다. '이탈리안 머

랭을 넣은 버터 크림과 딸기 앙트르메' (70쪽)에서 사용.

22
Moule á tartelette (물 아 타르틀레트)
타르틀레트를 구울 때 이용하는 틀. '비지탕딘' (43쪽)에서 사용.

23
Petit cercle (프티 세르클)
1인분용의 무스 과자나 굽는 과자를 만들 때 사용하는 틀. '브르타뉴식의 쿠키' (16쪽)에서 사용.

24
Peigne (페뉴)
빗 모양의 카드. 굽기 전의 반죽이나 마무리로 바른 크림 표면을 장식할 때 등에 사용한다. '프로마주 블랑 무스와 프레시 프루츠 앙트르메' (71쪽)에서 사용.

25
Fourchette á chocolat (푸르셰트 아 쇼콜라)
초콜릿 전용 포크. 초콜릿을 코팅할 때 사용한다. '커피와 프랑부아즈 풍미의 초콜릿' (35쪽)에서 사용.

26
Triangle (트리앙글)
삼각 팔레트. 초콜릿 템퍼링이나 깎아서 모양을 낼 때 쓴다.

27
Rouleau pique-vite (룰로 피크-비트)
구멍 뚫는 피케 롤러. 평평하게 편 반죽 표면에 공기 구멍을 낼 때 사용한다.

28
Moule á tarte (물 아 타르트)
타르트 시트를 구울 때 이용하는 틀. 크기는 지름 15~24cm까지 다양하다. '시브스트 크림을 넣은 타르트' (76쪽), '초콜릿 타르트' (77쪽), '딸기 타르트' (80쪽) 등에서 사용.

29
Palette coudée (팔레트 쿠데)
L자형 팔레트. 용도는 팔레트 아 앙트르메와 같지만 날이 각이 져 있으므로 작업이 용이하다.

30
Palette á entremets (팔레트 아 앙트르메)
팔레트. 크림이나 그라사주를 발라 골고루 펴서 표면을 매끄럽게 할 때 등에 사용한다. 끝이 둥글고 얇은 날은 탄력성이 있다.

31
Couteau-scie (쿠토시)
빵 나이프. 날이 톱니 모양으로 되어 있어 제누아즈 등의 부드러운 반죽의 단면을 깨끗하게 자를 수 있다.

32
Couteau éminceur (쿠토 에맹세르)
조리용 나이프. 과자나 요리에 관계없이 광범위하게 사용되는, 칼날 부분이 긴 칼.

33
Couteau de filet de sole (쿠토 드 필레 드 솔)
생선용 나이프. 생선을 필레로 자르는 데 쓰는 전용 칼. 탄력이 있어 과육이 부드러운 과일을 자를 때도 편리하다.

34
Couteau d'office (쿠토 도피스)
작은 나이프. 흔히 과일칼로 사용되는 칼날 부분이 짧은 칼. 섬세한 작업을 할 때 편리하다.

35
Econome (에코놈)
껍질 벗기는 기구. 과일 껍질을 벗길 때 사용.

36
Canneleur (카늘레르)
필러. 레몬이나 오렌지 껍질에 장식용으로 홈을 팔 때 쓰는 기구.

37
Pince á tarte (팽스 아 타르트)
파이 집게. 타르트 틀에 성형한 시트 가장자리의 불룩한 부분을 조금씩 집어 장식 무늬를 만들 때 사용하는 기구.

38
Raclette en caoutchouc (라클레트 앙 카우추)
고무 주걱. 재료를 섞을 때, 또는 볼이나 냄비에 남은 재료를 깨끗이 긁어 낼 때 사용한다. 마리즈(Maryse)라고도 한다.

39
Spatule en bois (스파튈 앙 부아)
나무 주걱. 볼이나 냄비 속의 재료를 섞을 때 사용한다. 냄새가 배기 쉬우므로 재료 속에 넣고 그대로 두지 말 것.

40
Poche á douille (포슈 아 두유)
짜주머니. 반죽이나 크림을 채워 넣고 짜낼 때 사용한다.

41
Corne (코른)
카드. 작업대에서 파트를 만들 때나, 냄비나 볼에 남은 재료를 긁어 낼 때 사용한다.

42
Douille (두유)
깍지. 짜주머니 끝에 끼워 다양한 모양으로 내용물을 짜낼 때 사용하는 도구. 원형, 별모양 등 종류와 크기가 다양하다.

43
Pinceau (팽소)
솔. 시럽이나 나파주를 바를 때 쓴다.

Pique en bois (피크 앙 부아)
대나무 꼬챙이. 반죽 등의 구워진 상태를 체크할 때 사용한다.

Four(푸르)
오븐. 과자를 구울 때 빠뜨릴 수 없는 도구로 가정용에서 업소용까지 그 종류가 다양하다. 크게 두 가지로 나눠 보면, 내부에서 열이 대류하는 컨벡션 타입과 위아래에서 열을 내는 오븐레인지 타입이 있다. 오븐에 따라 특징이 다르므로 기본 설정 온도나 시간을 융통성 있게 조절하면서 완성도를 높인다. 이를 위해서는 가정에서 사용하는 오븐의 특징을 잘 파악하는 것이 중요하다.

INGREDIENTS
재료

맛있는 과자를 굽기 위해서는 좋은 재료를 선택하는 것이 무엇보다 중요하다.
가능한 한 양질의 재료를 고르고, 재료마다 서로 다른 성질을 갖고 있으므로 그 성질을 파악한 다음
만들고자 하는 과자에 적합한 것을 선택하거나 그에 맞는 상태로 보관하는 것이 중요하다.

Farine (밀가루)

밀가루에는 여러 종류가 있는데, 과자 굽기에 가장 많이 사용되는 것은 박력분이다. 글루텐 함량이 적어 부드럽게 씹히는 반죽, 예를 들면 제누아즈, 비스퀴, 슈 등에 잘 어울린다.

이와는 반대로 글루텐 함량이 많은 것이 강력분이다. 쫄깃한 성질이 있으므로 푀이타주나 크루아상, 브리오슈 등의 빵 반죽에 어울린다. 작업할 때 뿌리는 밀가루도 멍울이 생기지 않는 강력분이 적당하다.

Sucre (설탕)

프랑스 과자에서 사용하는 설탕은 대부분 보통 설탕과 슈거 파우더이다. 보통 설탕은 고급 백설탕보다 흡습성이 낮아 잘 뭉치지 않는다. 따라서 체에 따로 거를 필요가 없으므로 작업하는데 편하다는 장점이 있다.

슈거 파우더는 입자가 아주 작고 잘 녹는 성질이 있으므로 용도에 맞춰 보통 설탕과 구분해 사용한다.

Œuf (달걀)

달걀은 크기가 다양하지만 여기서는 기본적으로 1개의 정량이 약 55g, 노른자 20g, 흰자 35g인 것을 기준으로 삼았다. 아이스크림, 앙글레즈 소스, 무스 등을 만들 때는 (노른자를 80℃ 이상에서 익힐 수 없으므로 가능한 한 신선한 것을 선택해야 한다.)

Beurre (버터)

프랑스 과자에서는 기본적으로 무염 버터를 사용하며, 필요에 따라 염분을 따로 첨가한다. 버터는 산화하기 쉬우므로 신선도가 높은 것을 구입하고 가능한 한 빠른 시일 내에 모두 사용하도록 한다.

Lait, Crème (우유, 생크림)

생크림에는 지방분 20% 전후의 저지방 제품부터 45% 전후의 고지방 제품까지 있으며, 과자 굽기에는 기본적으로 40% 전후의 크림이 적합하다. 생크림이나 우유는 신선한 것을 유효기간 내에 모두 사용하는 것이 좋다.

Poudre á lever (베이킹파우더)

팽창제 또는 부풀리는 가루. 반죽에 섞어 구우면 탄산가스가 발생하며 반죽이 부풀어올라 입에 닿는 감촉이 부드럽게 완성된다.

Arôme (향료)

향을 내는 재료. 소재 자체가 지닌 맛을 손상시키지 않도록 향료는 너무 많이 넣지 말아야 한다. 대표적인 것으로 바닐라(에센스·빈·슈거), 아몬드 에센스, 오렌지즙, 시너먼, 너트메그, 후추, 아니스 등이 있다. 오렌지나 레몬 껍질을 잘게 썰거나 갈아 향료로 쓰기도 한다.

Gélatine (젤라틴)

판 젤라틴과 가루 젤라틴, 두 종류가 있다. 판 젤라틴은 얼음물에 담가 부드러운 상태로 불려 사용하고, 가루 젤라틴은 직접 물에 불려 사용한다. 젤라틴에 직접 열을 가해 녹이면 응고력이 떨어지므로 온도에는 주의가 필요하다.

Alcool (주류)

과자의 풍미를 내는 데 없어서는 안 되는 알코올. 과자나 과일과 함께 사용하는 알코올은 그 종류가 매우 다양한데, 흔히 쓰이는 알코올을 몇 가지 살펴보자.
리큐르 종류 – 카시스, 민트, 아브리코트
브랜디 종류 – 칼바도스, 서양 배, 프랑부아즈, 키르슈, 아르마냑, 코냑
기타 – 럼주, 화이트 럼주

Fruit sec (드라이 프루츠)

대표적인 드라이 프루츠로는 건포도, 말린 살구, 말린 자두 등이 있다.

프랑스 과자에서는 드라이 프루츠를 시럽에 조린 것(프뤼이 콩피 Fruit confit)을 자주 사용한다. 오렌지 필, 레몬 필, 드레인드 체리, 안젤리카 등이 대표적이다.

Noix (너트류)

아몬드, 헤이즐넛, 호두, 코코넛, 피스타치오, 잣 등 너트류는 그 종류가 다양하다. 알맹이 상태 그대로인 것, 슬라이스한 것, 잘게 부순 것, 가루로 된 것 등 다양하게 가공되어 있다. 공기에 노출되면 산화되기 쉬우므로, 밀폐 용기에 넣어 냉암소에 보관한다.

Praliné (프랄리네)

졸인 설탕과 드라이 너트를 섞어 갈아 페이스트 상태로 만든 것. 아몬드, 헤이즐넛이 대표적인 종류지만, 제품에 따라서는 두 가지를 섞어 만든 것도 있다.

Chocolat (초콜릿)

초콜릿에도 다양한 종류와 품질이 있다. 제품에 따라 카카오 버터의 함유량이 다르므로, 가능한 한 품질이 좋은 것을 선택한다. 또한 보관 상태도 중요한데, 초콜릿은 습기에 약하고, 유지방이 많기 때문에 다른 냄새를 흡수하는 성질이 있으므로 반드시 밀봉해 냉장고에 보관한다.

Fondant (퐁당)

시럽을 일정 온도까지 졸이고 저어서 윤기 있는 크림 상태로 만든 것. 가정에서 만들려면 시간이 많이 들고 번거로우므로 시판되는 것을 사용한다.

VOCABULAIRE
프랑스 과자 용어

A

abaisser (아베세) 반죽을 정해진 두께까지 밀대로 고르게 민다.

B

bain-marie (뱅마리) 1. 불에 직접 닿지 않도록 중탕 용기에 넣는다.
　　　　　　　 2. 바트 등 바닥이 깊은 용기에 틀을 넣고 중탕한다.
beurrer (뵈레) 틀 안쪽이나 오븐 팬에 녹인 버터나, 포마드 상태로 만든 버터를 솔 따위로 얇게 바른다.
blanchir (블랑시르) 거품기를 이용해 달걀노른자와 설탕을 하얀 크림 상태가 될 때까지 잘 섞는다.

C

canneler (카늘레) 오렌지나 레몬 껍질에 홈을 파는 칼로 줄을 그어 장식한다.
chemiser (슈미제) 1. 버터를 얇게 바른 틀 안쪽이나 오븐 팬에 밀가루를 뿌리거나 유산지 또는 쿠킹 시트를 깐다.
　　　　　　　 2. 틀 안쪽에 시트나 비스퀴를 붙인다.
clarifier (클라리피에) 1. 달걀을 노른자와 흰자로 나눈다.
　　　　　　　 2. 중탕해서 버터를 녹이고 버터 위에 분리되어 뜬 것만 떠낸다 (정제 버터를 만들 때).
corner (코르네) 카드나 스크레이퍼로 볼이나 용기 안에 있는 재료를 모두 깨끗하게 꺼낸다.

D

décorer (데코레) 마무리 작업 과정의 하나로 여러 재료를 사용해 과자를 장식하는 것.
démouler (데물레) 구워 낸 빵이나 굳은 무스 등을 틀에서 빼낸다.
détailler (데타예) 재료를 일정한 무게로 잘라 나누거나 모양틀로 찍어 낸다.
détrempe (데트랑프) 밀가루, 물, 소금으로 반죽한 것. 주로 겹으로 접는 파이 시트를 만들 때 쓰는 용어로 버터를
　　　　　　　 넣기 전 단계의 시트를 말한다.
dorer (도레) 빚어 낸 시트 표면에 달걀노른자(달걀을 풀어 망으로 거른 것)를 솔로 얇게 바른다.

E

ébarber (에바르베) 가장자리나 둘레에 있는 여분의 시트를 잘라 내는 것.
égoutter (에구테) 망이나 식힘망에 얹어 여분의 물기를 빼는 것.

F

fariner (파리네) 작업대에 반죽 등이 달라붙지 않도록 밀가루를 뿌린다.
flamber (플랑베) 재료에 알코올을 뿌리고 불을 붙여 알코올 성분을 증발시키고 향을 낸다.
foncer (퐁세) 타르트용 틀이나 세르클 틀에 반죽을 꼭 맞게 깔아 넣는 것.
fontaine (퐁텐) 작업대 위 또는 볼에 담긴 밀가루 한가운데에 연못 모양으로 큰 홈을 만든다.
fraiser (프레제) 손바닥으로 반죽을 바깥쪽에서 안쪽으로 밀어 넣는 식으로 치대어 반죽에 섞인 재료를 부드러운 상태로 만든다.

G

griller (그리예) 너트류(아몬드, 호두, 헤이즐넛 등)를 오븐에 구워 색을 낸다.

I

imbiber (앵비베) 구워 낸 시트에 시럽이나 알코올 등의 액체가 스며들게 한다.

M

macérer (마세레) 드라이 프루츠 등을 알코올이나 리큐르에 담가 향이 스며들게 한다.
masquer (마스케) 크림이나 녹인 초콜릿, 마스팽 등으로 과자 전체를 덮는다.
monter (몽테) 달걀흰자나 생크림 등을 거품기나 믹서 등으로 거품을 낸다.

N

nappage(나파주) 살구 등의 잼을 가는 체에 거른 것으로 마무리 때 타르트나 과자 표면에 윤기를 내는 데 쓴다.
napper (나페) 과자나 타르트 위에 나파주나 잼, 크림 등을 솔이나 팔레트로 바른다.

P

pincer (팽세) 퐁세한 시트의 둘레를 손가락 또는 파이 집게로 집어 장식 무늬를 만든다.
piquer (피케) 밀대로 민 시트를 구울 때 부풀지 않도록 포크나 피케 롤러로 작은 구멍을 만든다.
pommade (포마드) 유지나 크림을 부드러운 상태로 만든다.

R

rayer (레예) 오븐에 넣기 직전에 도레한 시트 표면에 칼로 줄을 긋는다.
ruban (뤼방) 달걀이나 설탕을 거품기로 충분히 거품을 내어 리본처럼 끊김 없이
　　　포개지면서 흘러내리는 상태를 말한다.

S

sabler (사블레) 밀가루나 버터를 손바닥으로 비비듯 섞어 모래 같은 상태로 만든다.

T

tamiser (타미제) 덩어리나 불순물을 제거하기 위해 체에 내린다.
tremper(트랑페) 1. 사바랭 시트 등을 시럽에 적신다.
　　　　　2. 초콜릿이나 퐁당 혹은 엿을 표면 전체나 일부에 바르기 위해 그 안에 집어넣는다.

르 꼬르동 블루 – 도쿄 분교

1895년, 파리에 설립된 르 꼬르동 블루는 100년이 넘는 역사를 자랑하는 프랑스 요리 전문학교로 잘 알려져 있다. 세계 50여 개국에서 학생을 맞이하여 졸업생 중에 프로 요리사, 명셰프를 계속 배출함으로써 그 명성이 더욱 높다. 꼬르동 블루의 수료증은 사회적 지위나 신분의 증명이 되기도 한다. 도쿄 분교는 이러한 유서 깊은 파리 본교의 수업을 일본에서 받을 수 있는 장소로 1991년에 개교했다.

르 꼬르동 블루–숙명아카데미

한국 분교인 르 꼬르동 블루–숙명아카데미는 유서 깊은 파리 본교의 수업을 한국에서 받을 수 있는 장소로 2002년에 개교했다. 교수진은 파리 본교에서 초빙해 온 프랑스인 프로 요리사를 중심으로 구성되어 있다. 숙명여자대학교 사회교육관 7층. tel)02–719–6961~3 fax)02–719–7569. www.cordonbleu.co.kr

LE CORDON BLEU INTERNATIONAL ADDRESSES

Le Cordon Bleu Paris
8 Rue Leon Delhomme
75015 Paris, France
phone +33 (0)1 53 68 22 50
fax +33(0)1 48 56 03 96
paris@cordonbleu.edu

Le Cordon Bleu London
114 Marylebone Lane
London, W1U 2HH, U.K.
phone +44 20 7935 3503
fax +44 20 7935 7621
london@cordonbleu.edu

Le Cordon Bleu Paris
Ottawa Culinary Arts Institute
School and Restaurant
453 Laurier Avenue East
Ottawa, Ontario, K1N 6R4, Canada
phone +1 613 236 CHEF(2433)
fax +1 613 236 2460
toll free number +1-888-289-6302
Restaurant line +1 613 236 2499
ottawa@cordonbleu.edu

Le Cordon Bleu Tokyo
Roob-1, 28-13 Sarugaku-Cho,
Daikanyama, Shibuya-Ku,
Tokyo 150-0033, Japan
phone +81 3 5489 0141
fax +81 3 5489 0145
tokyo@cordonbleu.edu

Le Cordon Bleu Yokohama
2-18-1, Takashima, Nishi-Ku,
Yokohama-Shi, Kanagawa, Japan
phone +81 45 440 4720
fax +81 45 440 4722

Le Cordon Bleu Kobe
The 45th 6F, 45 Harima-cho, Chuo-Ku,
Kobe-shi, Hyogo 650-0036, Japan
phone +81 78 393 8221
fax +81 78 393 8222

Le Cordon Bleu Corporate Office
40 Enterprise Avenue
Secaucus, NJ 07094-2517 USA
phone +1 201 617 5221
fax +1 201 617 1914
toll free number +1 800 457 CHEF (2433)
info@cordonbleu.edu

Le Cordon Bleu Australia
Days Road Regency Park,
South Australia, 5010 Australia
phone +618 8346 3700
fax +618 8346 3755
australia@cordonbleu.edu

Le Cordon Bleu Sydney
250 Blaxland Road, Ryde
Sydney NSW 2112, Australia
phone +618 8346 3700
fax +618 8346 3755
australia@cordonbleu.edu

Le Cordon Bleu Peru
Av. Nunez de Balboa 530
Miraflores, Lima 18, Peru
phone +51 1 242 8222
fax +51 1 242 9209

Le Cordon Bleu Korea
53-12 Chungpa-dong 2Ka,
Yongsan-Ku,
Seoul, 140 742 Korea
phone +82 2 719 69 61
fax +82 2 719 75 69
korea@cordonbleu.edu

Le Cordon Bleu Beirut
Rectorat ? BP446
Usek University - Kaslik
Jounieh, Lebanon
phone +961 9640 664/665
fax +961 9642 333

Le Cordon Bleu Mexico
Universidad Anahuac
Av. Lomas Anahuac s/n.,
Lomas Anahuac
Mexico C.P. 52760, Mexico
phone +52 555 627 0210 ext. 7132
fax +52 555 627 0210 ext.8724
cordonbleu@anahuac.mx

www.cordonbleu.edu
e-mail: info@cordonbleu.edu

Order of the cites:
Paris, London, Ottawa, Japan, U.S.A.,
Australia, Peru, Korea, Beirut, Mexico

이 책은 르 꼬르동 블루 요리학교의 요리사와 스태프의 정열과 헌신적인 도움, 각계각층의 아낌없는 협력으로 만들어질 수 있었습니다. 이에 르 꼬르동 블루는 진심으로 감사의 뜻을 표합니다.

일본어판
촬영　　日置武晴 (히오키다케하루)
스타일링　中安章子 (나카야스아키코)
북 디자인　若山嘉代子 (와카야마카요코),
　　　　　平方いづみ (히라가타이즈미) L'espace

르 꼬르동 블루 – 동경학교
+ 150–0033 東京都澁谷區猿樂町 28–13
ROOB–1(루브 원)　TEL 03–5489–0141

식기, 천 협찬
PIERRE DEUX FRENCH COUNTRY
404 Airport Executive Park Nanuet, N.Y. 10954 U.S.A.
TEL 914-426-7400 / FAX 914-426-0104

르 꼬르동 블루

프랑스 과자의 기초 II
사브리나 시리즈 5

발행일	2001년 9월 1일 제1판 1쇄 발행
	2010년 8월 25일 제2판 1쇄 발행
	2018년 3월 5일 제2판 3쇄 발행
발행처	(주)미디어컴퍼니 쿠켄
	서울시 중구 동호로 228–1
편집부	02-2235-2665 / fax 02-2235-2664
영업마케팅부	02-2254-2665
독자서비스부	070-8813-2665
발행인	박태신
기획	김정은
저자	일본 도쿄 르 꼬르동 블루 교수진
번역	서희
교열	황정연
디자인	이진우
출력 · 인쇄	한산HEP 031-921-1160

ⓒLE CORDON BLEU PARIS K.K. (TOKYO) 1996
Photographs ⓒTakeharu Hioki 1996
Printed in KOREA

값 15,000원

세계 최고의 요리학교 르 꼬르동 블루의 에센스 레시피

'사브리나' 시리즈는 모두 7권입니다

이제 프랑스 요리·과자·빵·초콜릿에 대해
기초부터 차근차근 익히세요

'사브리나'시리즈 1

프랑스 요리의 기초

'사브리나'시리즈 2

프랑스 과자의 기초

'사브리나'시리즈 3

프랑스 빵의 기초

'사브리나'시리즈 4

프랑스 요리의 기초 II

'사브리나'시리즈 6

프랑스 과자 기본의 기본

'사브리나'시리즈 7

프랑스 초콜릿의 기초